江苏高校品牌专业建设工程项目(PPZY2015A063)
江苏高校优势学科建设工程项目

苏北五市园林树木衰弱情况调查与研究

王良桂　杨秀莲　丁彦芬　等著

东南大学出版社·南京

前　言

近年来,世界各地的气候异常和变暖趋势使得气候变化已被明显感知。随着气候变化加剧,极端天气和气候事件频发,诸如高温、台风、干旱,以及持续的雨雪冰冻等,不仅给人们的生产和生活带来严重危害,也严重影响了园林植物的生长。

2015—2016 年冬季,江苏北部地区最低气温达 −13℃,2016 年夏季又遭遇了持续的高温天气,很多园林树木受到极端天气的影响,导致生长衰弱甚至死亡。应江苏省森防站的委托,南京林业大学风景园林学院组织了调查小组,对苏北五市园林树木的生长衰弱情况进行了调查,并撰写了本书。

本书在介绍调查的背景、调查目的和意义、植物生长衰弱相关概念的基础上,明确了此次调查的方法与内容,对调查结果进行了统计,重点分析了园林树木衰弱情况的成因和常见园林树种的生长状况,最后推荐了部分适合苏北地区种植的乡土树种和归化树种,并提出了一些针对性的改善建议。

《苏北五市园林树木衰弱情况调查与研究》的出版,是调查小组辛勤劳动的成果,希望借此引起相关部门关注、重视城市园林树种的选择,能够科学合理地进行园林树种的规划。

本书的出版得到了江苏省高校品牌专业建设工程(PPZY2015A063)、江苏高校优势学科建设工程的资助,以及江苏省森防站的支持。杨秀莲、丁彦芬、施婷婷、巨云为四位老师,丁文杰、王晰、张莹婷三位研究生,以及江苏景古环境建设有限公司华小兵董事长、陆群副总经理等参与了现场调研和书稿撰写工作，谨此一并表示衷心感谢！

感谢在调查过程中给予方便的苏北五市相关部门和人员！

由于笔者水平有限，书中不妥之处还请专家、学者及广大读者批评指正！

王良桂

2018 年 11 月

目　录

1　绪论

2　植物衰弱情况调查

3 调查结果与分析

4 常见园林树种生长状况分析

5 建议

1

绪　　论

1.1 调查背景

自 2003 年江苏省启动"绿色江苏"建设以来,全省造林力度史无前例、"绿美城乡"亮点纷呈、森林抚育全面启动,共完成造林 116.59 万 hm²,建设绿化示范村 7 828 个,开展森林抚育 51.09 hm²,林木覆盖率达 22.5%,有 36 个市、县荣获全国绿化模范称号,有 6 个市获国家森林城市称号,造林面积超过此前 35 年的总和,绿化模范和森林城市创建达标比例位居全国前列。

苏北地区也紧跟"绿色江苏"建设的步伐,积极贯彻落实江苏省委关于绿化要与彩色化、珍贵化、效益化相结合的指示精神,全面推进全省国土绿化转型发展和森林质量提升工作,着力于"绿水青山就是金山银山"的重要论断和林业工作"四个着力"等指示要求,以及省委省政府主要领导和分管领导关于"三化"及全省林业工作要求。近些年,凭借其得天独厚的自然优势,苏北五市已取得显著的成效:在确保林木覆盖率和森林面积稳中有升的基础上,重点突出了珍贵用材树种培育工作;在造林树种上,初步实现了珍贵、乡土和丰富多样的目标;在造林模式上,基本实现了简约、自然和以人为本的目标;在森林生态系统打造上,逐渐为实现彩色、高效和更加健康的目标奋斗。

"十三五"时期,是我国全面建成小康社会的决胜阶段,园林事业发展将面临新形势、新任务。苏北地区立足于全局、着眼长远来谋划新时期的风景园林事业发展,坚持以生态园林城市建设为抓手提升园林绿化工作水平,依法依规抓好风景名胜区保护和利用,努力为风景园林事业健康发展创造良好环境,这也使得苏北地区在"积极提高苏南,加快发展苏北"的战略方针中,有条不紊循序渐进地推动森林城镇创建、绿美乡村建设,推进"三化"工作,促进国土绿化转型发展。

1.2 调查目的及意义

近年来,在城镇化建设工作不断推进的背景下,苏北地区依托良好的经济基础实现了城镇化建设,并在人居环境方面取得了很大的改善。为满足市民对园林绿化景观的要求,逐步构建城市森林,营造更加清新宜人的人居环境,江苏省各地都积极响应城市绿化建设号召,加大了绿化树种的引进与应用力度,像香樟、黄山栾树、杂交鹅掌楸、无患子等一大批树种,或孤植或丛植,或片植或箱植,已成为"水泥森林"中亮丽和谐的风景线。众所周知,园林建设与民众的日常生活息息相关,承载着维护生态平衡、改善人居环境、传承历史文化等重要功能。但是,由于生长环境条件不适宜,或者受到人为活动的不良影响,抑或者后期养护管理不当,使得正常生长的植株出现生长衰弱现象;同时,由于缺乏长期的引种试验与实践,加之受到气候趋暖、连续暖冬惯性思维的影响,南方或其他地方一些处于冻害临界边缘的绿化植物,也走进了苏北园林绿化的应用中。

2015 年冬季的最低气温达－13℃,在这种低温侵袭下,江苏省各地园林植物遭受不同程度的影响,特别是苏北地区,地处亚热带向暖温带过渡地带,基本上是许多常见园林树种分布的北界,受灾情况相对较严重。以低温造成的冻害看,苏北各地园林建设中大量应用的常绿树种如香樟、广玉兰、夹竹桃、桂花等树木叶片、枝干受损严重,有的甚至全株死亡,给苏北大部分地区园林生态的健康发展带来较大影响。尤其是香樟,叶片枝条受冻害后,恢复树势需要较长过程,冻死植株的更换更浪费大量的建设资金、人力等资源。另外,2016 年夏天又遭遇了持续的高温天气,不少园林植物受到不同程度的损伤,诸如此类的植物生长衰弱现象不仅仅发生在苗木、幼树、大树上,而且也发生在古树名木上,在城镇居住区、公园、风景区等处普遍存在,给城市绿化造成了一定影响。

2016 年 5 月—11 月,课题组通过现场访谈和实地踏勘,采用点、线、面相结合的方式对苏北五市(淮安、宿迁、盐城、连云港、徐州)园林树种衰弱状况开展了调查,取得了详实的图片和数据。在植物衰弱机理、高温及冻害损伤机制等相关理论的指导下,全面分析了各树种的生长衰弱原因。

通过调查研究,及时发现园林绿化养护管理中存在的问题,实现对现有园林树种的保护,参考学习相关经验,提出园林树种针对不同灾害天气的防灾对策以及园林部门应做的防护和养护措施,以此增强园林树种绿化、美化及生态功能,为将来城市园林绿化规划、园林植物配置、园林树种的保护以及绿化养护管理提供技术参考和理论依据。

1.3 植物生长衰弱等相关概念

1.3.1 植物衰弱病

植物衰弱病是一类由复杂多因素引起的植物体不健康的病态在城市园林中普遍发生。园林植物往往会表现出复杂的多因素导致的不健康病状,如顶枯、叶落或褪色、叶片变小、树径增长减少,最后可导致整株死亡,其发生特点是持续的、渐进的,历经较长时期,由于这种现象并非传统病原理论可以解释,称之为衰弱病(Decline Disease)。

学术界对衰弱病的认识尚存在多种不同的理论,其中最著名的理论是Sinclair 和 Hudler 提出的"三步链式反应理论"以及 Manion 据之总结提出的"衰弱病螺旋模型"。他们的理论清晰地指出了植物衰弱病发生的三类相继连续因素:诱发因素(如植物遗传潜力、土壤条件、空气污染等)、刺激因素(如食叶害虫、干旱、人类活动等)以及作为最终致死条件的促进因素(如根腐病、蛀干害虫、线虫等生物因子)。

表 1-1 园林树木生长衰退进程

病原类型	主要因素	作用机理	树木衰退进程
诱发因素	树龄过大;土壤板结;根系裸露或深埋;土壤污染(轻微);空气污染(轻微);枝梢害虫;煤污病、叶斑病等危害	长期地、缓慢地对树木施加影响,使树木生长不良	生长不良
激化因素	食叶虫危害;机械损伤;土壤污染(严重);空气污染(严重);干旱或积水、高温、冻害等损伤	短期地、剧烈地对树木施加影响,使树木急剧衰退	生长衰退
促进因素	天牛等蛀干害虫;腐烂或溃疡病菌;腐朽菌、根腐病菌等次生性病虫害	促进已生长衰退的树木枯萎死亡	梢头枯死甚至整株枯死

1.3.2 植物衰弱的症状

(1) 叶色变化

叶色变化,常见的有两种情况:失绿现象和黄化现象。

① 失绿现象

在针叶树种上表现为针叶变灰绿,无光泽,呈暗色;在阔叶树种上表现为叶部具有苍白色小斑点,严重时全叶呈黄绿色。

② 黄化现象

在针、阔叶树种上均有发生,如香樟、法桐、栀子、桂花、银杏、广玉兰、池杉、杉木等树种,该症状轻重不一,有时仅叶先端、叶缘黄化,有时则为全叶黄化。

(2) 叶组织坏死、褐变

通常,阔叶树上表现明显。叶先端坏死,或形成不规则的斑块,或者叶脉褐变,情况各异。

(3) 叶形变化

在针叶树上常见针叶变短、弯曲、不挺直,并伴随失绿现象;在阔叶树上常见叶形变小、质地变薄等。

（4）枝条枯死

除自然整枝,枝条正常枯死外,于树冠部局部枝条枯死,以后枯枝数量逐渐增多,明显可见。

（5）发芽、抽梢异常

春季发芽较迟或新梢较短,严重时不发新梢,早期落叶。

（6）流脂流胶

在蔷薇科树种、松科部分树种上常有发生。流脂流胶现象主要发生在针叶、枝条及主干等不同部位。

（7）树冠变化

冠部枝叶稀疏,新梢枯死,冠幅缩小,逐年变狭窄,甚至完全枯死。

（8）根部腐烂

须根坏死,侧根量少,不发新根。若根腐数量达1/2左右,则植株难以成活。针叶树种较阔叶树种更易完全枯死。

（9）全株异常

植株生长缓慢,甚至完全停止。植株显著矮小,并伴有叶色、叶形改变或不抽新梢等现象。

总之,树木生长衰弱的症状,往往因树种、诱发因子以及植株的受害程度不同而异。另外,受害株的症状类型,可能为上述一种,也可能几种类型同时出现,这就需要调查者们在室外调查中全面观察,认真分析与研究。

1.3.3　植物衰弱的诱因

（1）温度因子

温度是限制植物生长和分布的主导因子,同一气候带内的树木引种栽培一般不成问题,但是跨气候带进行树木引种应当注意各类树种对温度的适应范围。南方树种引种到北方后,常常因受到冻害而被冻死,而北方的树种南移后则常常因冬季低温不够致使叶芽不能正常萌发或开花、结实不正常,或因不能适应南方夏季高温而受灼伤。温度对树木的伤害,除了极端高温和低温外,在树木本身能够忍受的温度范围内,也会由于温度发生急剧变化而使树木受到伤害。其中,极端低温对植物的危害主要是细胞内外结冰从而造成质壁分离,极端高温对植物的危害主要是使细胞内的蛋白质凝固从而失去活力。

（2）水分因子

水分对植物的生长有着重要的影响。一方面,植物通过根系吸收水分,使地上部分各器官保持一定的膨压,维持正常的生理功能;另一方面,植株又通过蒸腾作用把大量的水分散失掉,这一对相互矛盾的过程只有相互协调统一才能保证植株的正常发育。在水分充足的情况下,植物生长很快,个大枝长,茎叶柔嫩,机械组织和保护组织不发达,植株的抗逆能力降低,易受低温、干旱和病虫的危害。但水分缺乏,生长就会受到影响。城市园林绿地的干旱大体可分为三种状况:①土壤干旱,土壤中的可用水分不足或缺失,引起植物缺水;②大气干旱,有时土壤并不缺水,但由于城市"热岛效应"、干热风、高温导致强烈的蒸腾作用使植物缺水;③冻旱,冬春期间(黄河流域主要是早春)土壤水分结冰或地温过低,根系不能吸水或极少吸水,造成植物严重缺水。苏北地区兼具土壤干旱和大气干旱这两种状况。

（3）土壤因子

土壤是植物生长的基础,土壤通过水分、肥力及酸碱度来影响树木的生长。城市土壤是一类由于移植前其有机质成分受到城市特殊气候、物质条件影响,同时受到车辆、人流等外力影响,发生变化形成土质情况较差的土壤类型。根据植物对土壤酸碱性适应的不同,可将植物分为酸性土植物、中性土植物、碱性土植物。苏北的土壤主要为中性土壤和碱性土壤,并不适合酸性土植物的生长。

（4）栽培环境

除了植物所处的大环境,即气候带类型,植物的生长还受到所处的小气候影响。小气候主要是由场地环境内的太阳辐射、风等气候要素以及地形的方位和坡度、植物、下垫面等共同作用而形成的。很多南树北移的树木在北方背风向阳的环境中可以安全越冬;一些植物在较为空旷的道路两侧或风口处生长不良；城市中很多种植池中的植物,由于根系无法伸展导致生长势不佳。

(5) 植物自身的生长状况

通过广泛的调查,发现树体抗冻能力与自身营养条件有关,树体营养状况好的冻伤程度轻于营养状况差的树体,病枝比健康枝冻伤重,修剪的比不修剪的受冻轻。冻害多发生在先端细弱及徒长不充实的枝条上,而枝干粗壮的冻伤较少。可以这样理解,树体营养条件好,可以适时成熟,适时进入休眠期,体内自由水分含量少,从而提高了抗冻能力。

1.3.4 植物衰弱病的特点

植物衰弱病在城市园林环境中十分普遍,这是因为在城市园林环境中,人类的种种活动导致许多不利因素的产生,这些因素会对植物产生或多或少的不良影响,最终导致植物生长衰弱。园林植物衰弱病的发生明显具备以下三大特点:一是发生普遍而频繁,园林植物生长的环境是居民生产生活的场所,它们普遍而频繁地受到人为活动的破坏及污染的影响。因而,在不具备大规模环境恶化的条件下,随时随地都可以发现小范围的甚至单株植物衰弱病的发生;二是在致病因素更加复杂的园林环境中,人类活动十分复杂,对环境的影响后果十分多样,因此,园林植物衰弱病的发生往往由更复杂多样的因素共同作用导致;三是植物衰弱进程缩短,植物在园林环境中的生存状况和自然环境下显著不同,它们相对孤立地暴露于多种多样的环境压力中,这些环境压力强度大,作用频繁,致使园林植物的衰弱进程比较快。

1.3.5 灾害性天气等概念

灾害性天气是指由各种气象因素如气压、气温、湿度、降水、蒸发量、风、热带气旋等直接或间接造成人员伤亡、财产损失或资源破坏的大气现象,主要包括干旱、暴雨、大风、热带气旋、沙尘暴、冰雹、寒潮、霜冻、降雪、雾等。

中国地域辽阔,自然条件复杂,而且属于典型的季风气候区,因此灾害性天气种类繁多,不同地区又有很大差异。在华东地区的城市中,对城市园林树木的影响最为严重的灾害性天气主要是低温和高温,植物受害后表现出冻害、高温损伤。

冻害,通常是指 0℃ 以下的气温使植物细胞受冻结冰而引起的急骤伤害或死亡现象。当植物处在 0℃ 以下的低温时,植物体内就会结冰,造成植物内部的损害,形成冻害,危及植物的生命。持续低温或大幅度降温,对细胞生理的损害表现为叶、芽和枝死亡,严重的表现为植物整株死亡。

高温损伤,高温逆境对植物的光合作用、蒸腾作用、细胞膜系统的稳定性、植物体内的渗透调节物质、激素、热激蛋白的产生等都会产生影响,随着高温胁迫不断增强,超过植物自身的调控能力后,就会导致细胞膜损坏、蛋白质失活,造成叶片、树枝、树干的枯死或严重受损等植物外观形态上的热害症状,以及由外界环境因素造成植物体内水分亏缺,影响植物正常生长发育。

1.3.6 苏北极端天气情况说明

苏北平原位居江苏省淮河以北,华北平原南端,包括盐城、淮安两市北部、宿迁市以及徐州市东南部与连云港灌云、灌南县,总面积约 35 443 km²,地处我国东部沿海的中央,秦岭、大别山东端向东直抵黄海的山海之间。全区处在北亚热带向暖温带过渡的湿润季风气候带,年平均气温 13.4℃,平均年降水量 1 000 mm,水热资源充沛,四季分明,特别宜人。

2015 年底苏北遭遇了冬季寒潮,在 11 月前后,江苏各地遭遇寒潮袭击,气温骤降,温差超过 10℃,开启了江苏的入冬步伐。苏北部分地区冬季初雪也如约而至。11 月下旬,苏北地区就迎来了寒潮蓝色预警信号。在接下来的三个月时间里,苏北地区天气状况持续不佳,特别是在 2016 年 1 月 22 日—25 日,受北方强冷空气影响,"霸王级"西伯利亚寒潮来袭,江苏全省气温迅速下降,降温幅度达到 10℃ 以上,24 日南京地区最高气温只有 −4℃,最低气温−9.7℃,创下了1991年以来的最低点。而苏北地区最低气温−12℃,淮安更是创下了历史最低点。24日早晨,连云港的东海和徐州邳州,降到−15℃以下。而淮北总体低温都在−13℃～−15℃。盐城响水和连云港西连岛,直接跌破历史最低值。在持续近三个月的时间里,苏北地区由于连续受低温雨雪大风天气的影响,很多植物受到冻害,表现出不良的生长状态。

2016年7月初至8月中旬全国多地出现了持续高温,苏北地区高温天气频现,且持续时间长达数日,最高温度超过40℃,地面实测温度超过50℃。根据气象专家的研究,造成该次持续高温天气的原因主要有3个:一是长江中下游地区梅雨期与往年相比时间较短,"出梅"较早,副热带高压从7月初开始就持续控制长江中下游地区,受下沉气流的影响,天气晴朗、少云、太阳辐射强;二是副热带高压强度明显强于历史同一时期,导致气温持续攀升;三是该时期大气环流相对往年有异常,几乎没有从我国东南部海域深入内陆的台风,这就导致没有如往年有间歇性降温降雨的状况。如此高温、热浪、干旱、强光辐射等影响对园林植物造成明显伤害。调查发现受害植物症状主要表现为叶片黄化、卷叶、日灼、嫩芽干枯、提前落叶、萎蔫、死亡。

1.3.7 植物受损机制等相关概念

(1) 植物冻伤机制及受冻表现

随着温度下降,植物体内自由水过冷,造成质外体内自由水冻结,皮部细胞中的水分移至细胞间隙冻结,原生质忍耐冰冻脱水作用,最后木质部活细胞中过冷水冻结。冻结后若受到高温或阳光照射而快速解冻时,细胞间的水分未及时被原生质吸回,即迅速失掉,原生质的失水不能得到恢复,则会造成植物的死亡。此外解冻时原生质受到细胞壁向外伸展的机械拉力而被损伤,也是造成植物死亡的原因。

同一植物的不同器官或组织的抗低温能力是不相同的。花芽是抗寒能力最弱的部位,冻害多发生在初春时节,此时树木花芽刚膨大,顶部花芽抗寒力较弱。而花芽受到冻害,会导致树木内部的损伤,初期只见到芽鳞松散,后期就会不发芽,直到坏死。枝条冻害多与树木的成熟度有关,成熟的枝条具备休眠期抗寒能力,但木质部、髓部的抗寒能力还是很低。所以冻害容易发生在髓部、木质部,严重时韧皮部才受伤,而在生长期,枝条是容易受到冻害的。树木的生长中,根颈是最迟停止生长的,也最晚进入休眠期,但解除休眠却是最早的,当气温骤降,根颈没有培养出较好的抗寒能力,且近地表处温度变化剧烈,容易遭到冻害。根颈一旦受冻,植物的生长和生存将面临很大的威胁。

(2) 植物高温损伤机制及干旱表现

在各类和植物有关的环境因素中,水的有效性占主导地位。细胞分裂分化或体积扩大,都同时依赖于水分的吸收、溶质的积累和细胞壁的松弛。水分胁迫引起根系生长速率降低,根长、根数和重量明显减少,根系有效吸水面积减小,吸水速度减慢,总吸水量降低,同时无机盐类的吸收也受到抑制,根系分泌减少。土壤水分不足,从而出现萎蔫、卷缩、失绿、枯黄、落叶甚至全株死亡等现象。

干旱逆境对植物生理生化的影响表现在持续高温附带产生的环境影响,即干旱缺水。水分对于植物生命活动的作用非常巨大,研究表明在干旱造成植物的各种损伤现象出现之前,植物就已经对土壤干旱状况作出包括基因表达在内的自身适应性调节,以使植物自身获得最优化的选择。这说明植物本身具有感知和传递土壤干旱胁迫信号、调节生长发育的能力。植物在遭受干旱胁迫时的各种抗逆性反应包括气孔调节、渗透调节、pH 调节、活性氧清除、脱水保护等。通常表现为光合速率降低,代谢途径发生改变,可溶性物质累积,脯氨酸、甜菜碱等通过各种途径被合成,一些植物体内原来存在的蛋白质消失、分解,同时产生参与各种代谢调节相关的酶。与高温逆境相同,当干旱胁迫超过植物自身的调控能力后,植物也会出现各种干旱症状。

有些植物体呈白色或银白色,叶片革质发亮,能反射一大部分阳光,使植物体免受热伤害;有些植物叶片垂直排列使叶缘向光或在高温条件下叶片折叠,减少光的吸收面积;还有些植物的树干和根茎生有很厚的木栓层,具有绝热和保护作用。植物对高温的生理适应主要是降低细胞含水量,增加可溶性糖或盐的浓度,这有利于减缓代谢速率和增加原生质的抗凝结能力;其次是靠旺盛的蒸腾作用避免植物体因过热而受害。还有一些植物具有反射红外线的能力,夏季反射的红外线比冬季多,从而避免了高温伤害。

2

植物衰弱情况调查

2.1 调查地点

2.1.1 调查区域概况

本次调查主要是对苏北地区园林树木衰弱情况进行全面的了解,故选择了淮安、宿迁、连云港、盐城、徐州5市部分公园绿地、单位附属绿地、校园绿地、居住区绿地、广场绿地、道路绿地、防护林带、苗圃等地段,这些地方基本上能反映被调查地园林植物衰弱和受损的大致情况。

(1) 淮安市

淮安市兼有南北气候特征,因为横贯淮安市境内的淮河—苏北灌溉总渠一线是我国暖温带和亚热带的分界线,一般说来,苏北灌溉总渠以南地区属北亚热带湿润季风气候,苏北灌溉总渠以北地区为北温带半湿润季风气候。受季风气候影响,四季分明,雨量集中,雨热同季,冬冷夏热,春温多变,秋高气爽,光能充足,热量富裕。

全市年平均气温为 14.1℃～14.8℃,基本呈南高北低趋势。气温年分布以 7 月最高,1 月最低。全市年无霜期一般在 210～225 d 左右,北短南长。其中洪泽区无霜期最长达 236 d。

全市各地年降水量多年平均在 906～1 007 mm 之间。降水分布特征是南部多于北部,东部多于西部。降水年内变化明显,下半年降水集中。春夏之交梅子成熟季节多锋面雨,被称为“梅雨”或“霉雨”。降水年际分布不均,年降水量最多的年份达 1 700 mm 以上,最少的年份只有 500 mm。全市年平均风速在 2.9～3.6 m/s,以偏东风和西南风为主。由于气候的过渡性和季风年度强弱不均、进退的早迟,因此淮安市也是气象灾害多发地区。主要气象灾害有:暴雨、洪涝、干旱、寒潮、霜冻、连阴雨、冰雹、热带风暴、龙卷风等。

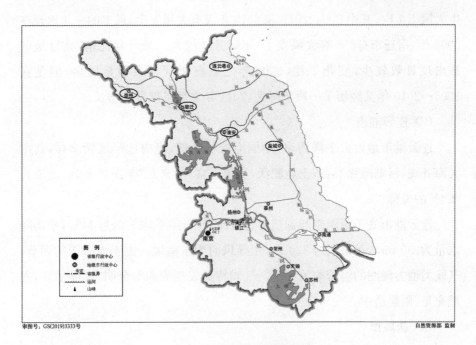

审图号：GS(2019)3333号   自然资源部 监制

图 2-1　苏北五市地理位置

（2）宿迁市

宿迁属于暖温带季风气候区,年均气温为 14.2 ℃,年均日照时数为 2 291 h。光热资源比较优越,四季分明,气候温和,太阳总辐射量约为 490 kJ/cm²,全年日照数为 2 271 h。无霜期较长,平均为 211 d,初霜期一般在 10 月下旬,降雪初日一般在 12 月中旬,活动积温为 5 189℃,全年作物生长期为 310.5 d。年均降水量为892.3 mm,由于受季风影响,年际间变化不大,但降水分布不均,易形成春旱、夏涝、秋冬干的天气。

过去的 50 多年里,宿迁年平均气温为 14.4℃,以平均每 10 年 0.15℃的速度在上升,其中 2014 年年平均气温为 15.5℃,达到有气象数据以来的最高值。年降水量总体没有明显变化,但降水量的年际变化幅度增大了。日照呈下降趋势,平均每 10 年减少 372 h。从 2004 年到 2014 年的 11 年间,宿迁平均每年有 23.5 个雷暴日,其中 2014 年没有雷暴发生,最多的一年在 2008 年,有 34 个雷暴日。从 2004 年到 2014 年的 11 年间,宿迁平均每年发生大风 1.7 次,其中 2004、2012 和 2013 年没有大风发生,最多的一年出现在 2006 年,宿迁市有 6 d 有大风发生,年际差异较大。2000 年之前,宿迁地区霾出现日数较少,变化平稳,2000 年之后霾出现日数明显增多,但是在 2005—2010 年又经历了一段下降期,2011 年之后呈爆发式增长。

(3) 连云港市

连云港市地处太平洋西岸,中国沿海的中部,境内地形地貌多样,高山大海齐观,河湖滩涂具备,土地肥沃,资源丰富,历来有"享山川之饶,受渔盐之利"的美称。

连云港市处于暖温带与亚热带过渡地带,历年平均气温为 14℃,平均降水量为930 mm,无霜期为 220 d。主导风向为东南风。由于受海洋的调节,气候类型为湿润的温带季风气候。气候特征表现为四季分明,温度适宜,光照充足,雨量适中。

(4) 盐城市

盐城自然气候条件较好,南面大部分属于亚热带季风气候,夏季高温多雨,冬季温暖湿润,最北部属暖温带气候。两者的分界线为苏北灌溉总渠。它具有沿海暖温带与亚热带过渡性的气候特点,气温温和,雨量充沛,年降雨量为 1 100 mm 左右,光温水配合良好,且季节协调、宜农宜牧,是全国农副产品的重要生产基地之一。由于海洋调节作用,气候湿润。主要特点是:季风盛行,四季分明;雨水丰沛,雨热同季;日照充足,无霜期长。春季风和日暖,夏季高温多雨,秋季天高气爽,冬季寒冷干燥。盐城一年四季都有较大且持久的风,很多人冬日出门都需要全副武装,有句话形容盐城风的"一年刮一次,一次刮一年"。

盐城的滩涂资源得天独厚,滩涂面积 45.36 万 hm²,占全省的 75%,近期可开发利用的有 16 万 hm²,是江苏省后备土地资源潜力最大的地区。滩涂盛产海盐、对虾、贝类等海产品以及芦苇、中草药、牧草等 500 多种植物。

(5) 徐州市

徐州属暖温带半湿润季风气候,四季分明,夏无酷暑,冬无严寒。年平均气温为 14℃,年日照时数为 2 284~2 495 h,日照率为 52%~57%,年均无霜期为 200～220 d,年均降水量为 800～930 mm,雨季降水量占全年的56%。气候特点是:四季分明,光照充足,雨量适中,雨热同期。四季之中春、秋季短,冬、夏季长,春季天气多变,夏季高温多雨,秋季天高气爽,冬季寒潮频袭。

徐州地形以平原为主,平原面积约占全市面积的 90%,平原总地势由西北向东南降低,海拔一般在 30～50 m 之间。徐州中部和东部存在少数丘陵山地。丘陵海拔一般在 100～200 m 左右,丘陵山地面积约占全市面积的 9.4%。徐州丘陵山地分两大群,一群分布于市域中部,山体高低不一,其中贾汪区中部的大洞山为全市最高峰,海拔 361 m;另一群分布于市域东部,最高点为新沂市北部的马陵山,海拔 122.9 m。

2.1.2 调查具体地点

江苏省淮安、宿迁、连云港、盐城、徐州 5 市部分公园绿地、单位附属绿地、校园绿地、居住区绿地、广场绿地、道路绿地、防护林带、苗圃等园林树木种类多、绿化历史悠久的地段,其中道路 56 条,公园景区 18 个,小区及校园5 个,苗圃及林场 6 个,公共设施区 21 个(表 2-1)。基本上能反映被调查地园林植物衰弱和受损的大致情况。

表 2-1　调查地点

城市	淮安市	宿迁市	连云港市	盐城市	徐州市
调查地点	东方园林金湖苗圃基地	宿迁迎宾大道	连云港市政府广场	盐城市大丰林场	徐州建筑职业技术学院
	金湖水上森林公园	宿迁洪泽湖路	连云港市朝阳东路	盐城市青年东路及苗圃	徐州市云龙湖景区
	金湖荷花荡景区	宿迁金鹰天地广场	连云港市九岭路	盐城市范公路辅道	徐州市疗养院
	金湖华庄林场	宿迁河滨公园	连云港市中山西路	盐城市射阳县服务区	徐州市植物园区

续表

城市	淮安市	宿迁市	连云港市	盐城市	徐州市
调查地点	金湖苗圃路	宿迁黄河路	连云港市北固山路	盐城市响水县高速入口处道路	徐州市矿大文昌校区
	淮安收费站旁	宿迁城北路	连云港市苍梧绿园	盐城市响水县双园路	徐州市金龙湖宕口公园
	淮安清河植物园	宿迁党校	连云港市苍梧路	盐城市响水县黄海路	徐州市金山东路
	淮安大同路	宿迁三台山大道	连云港市新城商务公园	盐城市响水县淮河路	徐州市解放南路
	淮安南昌路	宿迁市世纪大道路	连云港市北固山生态公园	盐城市滨海县政府广场	徐州市学苑路
	淮安水渡口大道	宿迁嶂山林场	连云港市科苑路	盐城市滨海富康路	徐州市湖东路
	淮安钵池山景区	宿迁市希望城小区	连云港市学院路	盐城市沿海公路	徐州市湖西路
	淮安万达广场	宿迁市项王路	连云港市花果山大道	盐城市滨海县迎宾大道	徐州市滨湖公园
	淮安翔宇大道	宿迁市项王小区	连云港市港城大道	盐城市滨海县海滨大道	徐州市体育馆
	淮安香园农庄	宿迁市三台山森林公园	连云港市金福德广场	盐城市东环路	徐州市中山南路
	淮安环宇路旁城市绿地	宿迁黄河公园	连云港市海滨大道	盐城市滨海县西湖公园	徐州市奇石花卉广场
	淮安健康东路	宿迁西楚大道	连云港市大港东路	盐城市滨海县西湖路	徐州市经济开发区
	淮安八十二烈士陵园		连云港市海棠立交	盐城市廉政广场	徐州市龙湖北路
	淮安三新工程项目苗圃地		连云港市海棠北路	盐城市仁安路	徐州市明珠广场
	淮安洪泽湖服务区		连云港市在海一方公园	盐城市工农路	徐州市金龙湖小镇

城市	淮安市	宿迁市	连云港市	盐城市	徐州市
调查地点			连云港市连岛海滨度假区	盐城市希望大道	徐州市徐海路
			连云港市海连东路	盐城市建军路	徐州市铜山路
			连云港市新港城大道	盐城市毓龙路	徐州市迎宾大道
			连云港市金海大道	盐城市文苑路	徐州金山公园
				盐城市盐城工学院	
合计	19	16	23	24	23

2.2 调查时间

2016 年 5 月—11 月,树木处于生长较稳定的时期,可以较好地反映树木自身的生长情况及其对环境的适应情况。

2.3 调查内容

对苏北 5 市市区及郊区各类绿地、苗圃等的园林植物进行现场调查,并按照园林树种在不同灾害性天气影响下受损害的不同程度进行分级,比较和分析各树种生长衰弱的原因。同时就调查中出现的植物冻害、高温损伤、生长异常等情况进行讨论。

调查主要选取了苏北地区自然分布及人工栽培受冻和干旱情况较严重的常见园林树种,如银杏、水杉、金叶水杉、池杉、圆柏、黑松、雪松、杨树、柳树、广玉兰、白玉兰、鹅掌楸、榉树、朴树、北美枫香、重阳木、乌桕、国槐、苦楝、日本晚樱、海州常山、女贞、棕榈、夹竹桃、孝顺竹、香樟、红花檵木、桂花、红叶石楠等隶属 49 科 40 属共 85 种近 300 多株(详见附录)。其中对生长衰弱情况较为严重的香樟、桂花、广玉兰、夹竹桃、孝顺竹等作了重点调查。

(1) 从植物生长习性、环境因子、栽培管理等方面多角度分析各园林树种衰弱的原因,并重点分析几种常见园林树种衰弱情况。

(2) 比较不同园林树种衰弱情况,包括常绿树种与落叶树种、阔叶树种与针叶树种、乡土树种与外来树种等;比较不同园林树种在不同立地环境的衰弱情况,包括市区与郊区、空旷处与风口处等;比较不同园林树种抵御灾害性天气的能力,包括植物的生长习性、长势、栽培时间等。

(3) 针对现场实地调查内容,进行图片数据整理,结合理论知识展开深入分析与讨论,就植物衰弱情况提出相关建议与展望。

2.4 调查工作的组织安排

2.4.1 调查队伍组成

此次调查队伍由南京林业大学风景园林学院园林植物系师生组队,其中由王良桂教授任组长,组员有杨秀莲(副教授)、丁彦芬(副教授)、巨云为(副教授)、施婷婷(讲师)、王晰(硕士研究生)、丁文杰(硕士研究生)、张莹婷(硕士研究生)。

2.4.2 调查时间安排

时间安排大致分为以下 3 个阶段:

(1) 前期准备阶段:2016 年 5 月,制订调查方案,确定调查范围及时间,安排人员,准备调查物资,收集相关资料。

（2）中期调查阶段：2016 年 6 月—11 月，根据事先制定的调查区域，联系调查地的园林及林业等相关部门，进行沟通与了解，在初步交流的基础上，决定并明确具体调查地点，逐一展开调查活动。

（3）后期内业整理与总结分析阶段：2016 年 12 月—2017 年 4 月，完成调查内容的汇总与分析，整理图片，制作表格，编写调查报告。

2.4.3　调查方案制定

调查工作分为外业调查与内业整理。首先针对被调查的园林树种采用点、线、面结合和现场访谈与实地踏勘相结合的方法展开实地调查。在实地踏勘前，先与调查地的园林及林业相关部门沟通与交流，获得相关部门前期筛查的情况，并在初步交流的基础上，决定并明确具体调查地点，从而使得调查地点的选择更具代表性、科学性和全面性。接着，根据对各市部分道路、校园、小区等绿地树木调查获得树种衰弱及受灾情况进行整理与分析。

2.4.4　调查物资筹备

为保证调查工作的顺利进行，需要考虑周全，准备充分，备齐调查工作所需的各种物品，包括相机、记录本、记号笔、调查表、标签纸、卷尺等。

2.4.5　阶段检查和总结

为掌握调查工作阶段性进展情况，分享调查成果，保障调查工作有序顺利进行，调查队每周进行一次调查进度总结会议，汇报进展，提出问题，交流感想，制订后续工作计划等。

2.5 调查方法与依据

2.5.1 调查方法

对被调查的园林树种采用点、线、面结合和现场访谈与实地踏勘相结合的方法展开实地调查。点选择种植树木种类多，且绿化历史悠久的机关单位、学校、公园等；线选择城市道路、环城公园及防护林带等；面选择各市城市区域范围。对于树木受损情况严重的道路、公园和学校等则采用重点抽样的方法选取树木受损情况严重单位进行现场勘查、拍照记录、数据收集；在实地踏勘前，先与调查地的园林及林业相关部门沟通与交流，获得相关部门前期筛查的情况，并在初步交流的基础上，决定并明确具体调查地点，从而使得调查地点的选择更具代表性、科学性和全面性。

树种衰弱及受灾情况主要通过对各市部分道路、校园、小区等绿地树木按照调查内容普查获得。记录树木种类、生长特性、冻害级别、高温损伤级别、衰弱表现、树龄、受损树木株数、断枝、干数、立地条件等相关内容。按照分级标准获得相应等级的树木受害比例，并按照记录的相关生长特性进行比较分析，将受害树种所处立地条件及其相应分级标准进行综合比较，得出不同树种、不同年龄、不同立地环境的受害情况。

2.5.2 调查等级划分

（1）冻害分级

根据中国科学院地质物理研究所制定的中国物候观测网中冻害观察分级标准，参考曾麟祥先生的方法并结合本次灾情实际情况做适当调整，确定本次调查的分级标准，将冻害分为 0 级、Ⅰ级、Ⅱ级、Ⅲ级、Ⅳ级、Ⅴ级。

冻害损伤程度采用冻害指数表示,指数越大,受冻情况越严重;指数越小,受冻情况越轻。受冻最重的指数为5;没有受冻的指数为0(表2-2)。

表2-2　冻害损伤级别

冻害级别	冻害程度	代表数值
0级	不受冻害	0
Ⅰ级	受冻害轻微,仅嫩枝、芽、嫩叶、新枝、梢端、嫩竹先端枯梢枯叶,春季随即恢复	1
Ⅱ级	植株的老叶未受冻,小枝及嫩叶片受冻萎蔫或枯萎,树下部枝条及大分枝在春季能很快萌生新枝叶	2
Ⅲ级	植物茎干大枝存活,部分皮层冻裂,分枝及叶片均受冻枯萎,天气转暖时从树干和大枝上抽发新枝叶	3
Ⅳ级	植株地上部分及叶片全部枯死,天气转暖时从树干基部萌蘖,重新长成幼树	4
Ⅴ级	植株地上地下全部枯死,基本不再萌蘖	5

(2) 高温损伤分级

根据园林植物受损伤程度的不同,将其划分为4个等级(表2-3)。

表2-3　高温损伤分级

高温损伤级别	损伤程度
Ⅰ级	轻微受损,仅树冠外缘叶片、小枝或枝梢轻微受损
Ⅱ级	轻度受损,部分叶片、侧枝干枯受损
Ⅲ级	受损明显,植株部分枝干枯死
Ⅳ级	严重受损,植株大部分枯死或整株死亡

3

调查结果与分析

3.1 调查情况概述

（1）衰弱情况

本次苏北园林树种生长衰弱调查结果显示生长衰弱的树种主要有：常绿树种中衰弱情况较为严重，如香樟、广玉兰、桂花、夹竹桃和孝顺竹；衰弱情况一般的有枇杷、枸骨、红花檵木、海桐、法国冬青和雪松。落叶树种中衰弱情况较严重，但主要是栽培措施不当造成的，如池杉、鹅掌楸、银杏、北美枫香；衰弱情况一般的有无患子、红枫、柳树和国槐。另外，苏北五市中生长状况均良好的树种有：榉树、苦楝、重阳木、朴树、乌桕和枫香等。

本次调查中，植物衰弱情况主要分为两大类：一是极端天气（极端高温和极端低温）引起的植物生长衰弱；二是除极端天气外的环境因子和栽培养护管理措施引起的植物生长衰弱。

（2）冻害情况

0级冻害的有楸树、重阳木、海州常山等；Ⅰ级冻害的有红花檵木、鹅掌楸、黄山栾树等；Ⅱ级冻害的有广玉兰、鹅掌楸、枇杷等；Ⅲ级冻害的有桂花、红枫、枸骨、棕榈等；Ⅳ级冻害的有夹竹桃等；Ⅴ级冻害的有香樟、孝顺竹等，调查结果见（表3-1）。

表3-1　植物冻害调查结果

冻害级别	种数	种名	恢复情况
0级	17	雪松、榉树、楸树、海州常山、臭椿、苦楝、重阳木、朴树、乌桕、黑松、圆柏、枫香、杨树、火炬树、流苏、青桐、法国冬青	较好
Ⅰ级	3	红花檵木、鹅掌楸、黄山栾树	较好
Ⅱ级	3	广玉兰、鹅掌楸、枇杷	良好
Ⅲ级	4	桂花、红枫、枸骨、棕榈	良好
Ⅳ级	1	夹竹桃	较差
Ⅴ级	2	香樟、孝顺竹	较差

从受害形态表现看,大部分受冻植物表现为叶枯或叶萎蔫发黄而脱落,稍微严重树种枝条茎干表现为形成层剥离、发黄、发黑、枝条干枯或呈水渍状,但是这些树种恢复能力强,在温度适宜的春季能在树冠各部位萌生新枝叶,恢复较好的状态。相比之下,冻害级别在Ⅲ级及以上的树木地上部分及叶片大都枯死,树体自我恢复能力较弱。有的从树干基部发生萌蘖,重新萌枝;有的全株枯死,基本不再萌蘖。其中,香樟、夹竹桃、孝顺竹冻害情况非常严重,五市大部分香樟冻害普遍在Ⅳ级以上,连云港和盐城各绿地栽植的夹竹桃基本全部受冻枯死,孝顺竹在盐城地区,基本无法越冬。这些树种是近年来苏北地区园林绿化的骨干树种,应用面积大,范围广,使用频度高,因此造成的损失非常大。

表 3-2　各调查地植物冻害分级情况

城市	树种名称	受害数量/株	冻害级别					
			0 级	Ⅰ级	Ⅱ级	Ⅲ级	Ⅳ级	Ⅴ级
淮安	香樟	70	0%	0%	0%	58%	40%	2%
宿迁	香樟	120	0%	0%	0%	20%	72%	8%
	桂花	130	0%	0%	0%	80%	19%	1%
	广玉兰	80	0%	0%	55%	45%	0%	0%
连云港	香樟	150	0%	0%	0%	13%	82%	5%
	桂花	22	0%	0%	36%	58%	5%	1%
	夹竹桃	20	0%	0%	0%	0%	0%	100%
	广玉兰	36	0%	0%	49%	51%	0%	0%
盐城	香樟	80	0%	0%	0%	10%	88%	2%
	孝顺竹	32	0%	0%	0%	0%	100%	0%
	夹竹桃	20	0%	0%	0%	0%	8%	92%
徐州	香樟	60	0%	0%	0%	20%	77%	3%

从五市冻害分级情况(见表3-2)比较可以看出,各地区冻害情况多有不同,其中徐州园林中香樟受冻较严重,均在Ⅲ级以上,但受冻植株略经修剪即可萌发,能保持树冠的原有形态,对绿化景观未造成毁灭性的破坏;相比

之下,连云港和宿迁的树种受冻较严重,尤其是香樟和夹竹桃,冻害级别在Ⅳ~Ⅴ级。这些树种中2~3年生枝条严重冻害,冻害达Ⅴ级以上,枝条全部死亡,无法保留原有树形,须剪除甚至全株挖除,如连云港北固山公园的香樟和夹竹桃,盐城滨海西湖路一带的香樟,滨海西湖公园的夹竹桃几乎全毁,对公园、道路景观造成了毁灭性的破坏,原有景观荡然无存。宿迁各地种植的香樟、桂花、广玉兰受冻较严重,香樟、桂花冻害级别在Ⅲ级~Ⅴ级,广玉兰在Ⅱ级~Ⅲ级。

(3) 高温受损情况

在2016年夏季持续高温天气影响下,大部分树木由于不同程度的干旱、缺水,表现出了萎蔫、卷缩、失绿、枯黄、落叶等轻度受损现象,采取适当措施皆可改善(表3-3)。

表3-3　植物高温受损情况

受害症状	作用机理	受害植物	主要地点
叶片黄化	高温使得叶绿素合成受阻	红花檵木	淮安八十二烈士陵园
卷叶	蒸腾作用减弱,水分和矿物质吸收受阻,角质蒸腾增加	红枫、白桦树	淮安清河植物园宿迁希望城小区
日灼	强光照射下,叶片温度过高,导致蛋白质变性,细胞膜破坏和液化	海桐	淮安金湖荷花荡景区
提前落叶	高温胁迫下植物体内脱落酸和乙烯含量增加	鹅掌楸、海桐	盐城滨海县政府广场、徐州植物园
枯枝、死亡	植物耐热性差,干热环境导致枝叶枯萎,根部缺水导致根活性降低和死亡	红枫	淮安金湖水上森林公园、连云港苍梧绿园

3.2　调查树种的选择

调查主要选取了苏北地区自然分布及人工栽培受冻干旱情况较严重的常见园林树种,包括乡土树种和外来树种,其中乡土树种与外来树种的比例为23∶29;乔木与灌木的比例为11∶2;常绿树种与落叶树种的比例为4∶9。

对栽培较为广泛且冻伤严重的香樟、桂花、广玉兰、夹竹桃、孝顺竹等作了重点调查(如表 3-4 所示)。

表 3-4　主要树种名录

序号	名称	科	属	拉丁名
#1	银杏	银杏科	银杏属	*Ginkgo biloba*
*2	水杉	杉科	水杉属	*Metasequoia glyptostroboides*
*3	落羽杉	杉科	落羽杉属	*Taxodium distichum*
*4	池杉	杉科	落羽杉属	*Taxodium ascendens*
#5	圆柏	柏科	圆柏属	*Sabina chinensis*
*6	黑松	松科	松属	*Pinus thunbergii*
*7	雪松	松科	雪松属	*Cedrus deodara*
#8	杨树	杨柳科	杨属	*Populus L.*
#9	柳树	杨柳科	柳属	*Salix babylonica*
*10	广玉兰	木兰科	木兰属	*Magnolia grandiflora*
*11	白玉兰	木兰科	木兰属	*Magnolia liliflora*
*12	鹅掌楸	木兰科	鹅掌楸属	*Liriodendron chinense*
#13	榉树	榆科	榉属	*Zelkova serrata*
#14	朴树	榆科	朴属	*Celtis sinensis*
*15	红花檵木	金缕梅科	檵木属	*Loropetalum chinense* var. *rubrum*
*16	北美枫香	金缕梅科	枫香树属	*Liquidambar styraciflua*
#17	枫香	金缕梅科	枫香树属	*Liquidambar formosana*
#18	重阳木	大戟科	秋枫属	*Bischofia polycarpa*
#19	乌桕	大戟科	乌桕属	*Sapium sebiferum*
*20	香樟	樟科	樟属	*Cinnamomum camphora*
*21	北美红枫	槭树科	槭属	*Acer rubrum*
*22	红枫	槭树科	槭属	*Acer palmatum* f. *atropurpureum*
*23	鸡爪槭	槭树科	槭属	*Acer palmatum*
*24	三角枫	槭树科	槭属	*Acer buergerianum*
*25	日本晚樱	蔷薇科	樱属	*Cerasus serrulata* var. *lannesiana*

序号	名称	科	属	拉丁名
＊26	紫叶李	蔷薇科	李属	*Prunus cerasifera* f. *atropurpurea*
＃27	海棠	蔷薇科	苹果属	*Malus spectabilis*
＃28	枇杷	蔷薇科	枇杷属	*Eriobotrya japonica*
＃29	臭椿	苦木科	臭椿属	*Ailanthus altissima*
＊30	栾树	无患子科	栾树属	*Koelreuteria paniculata*
＊31	无患子	无患子科	无患子属	*Sapindus saponaria*
＊32	夹竹桃	夹竹桃科	夹竹桃属	*Nerium indicum*
＃33	海州常山	马鞭草科	大青属	*Clerodendrum trichotomum*
＃34	国槐	豆科	槐属	*Sophora japonica*
＃35	龙爪槐	豆科	槐属	*Sophora japonica* f. *pendula*
＊36	海桐	海桐科	海桐花属	*Pittosporum tobira*
＊37	法国冬青	忍冬科	荚蒾属	*Viburnum odoratissimum*
＊38	洒金桃叶珊瑚	山茱萸科	桃叶珊瑚属	*Aucuba japonica* var. *variegata*
＊39	白桦	桦木科	桦木属	*Betula platyphylla*
＊40	桂花	木犀科	木犀属	*Osmanthus fragrans*
＃41	女贞	木犀科	女贞属	*Ligustrum lucidum*
＃42	紫薇	千屈菜科	紫薇属	*Lagerstroemia indica*
＃43	楸树	紫葳科	梓属	*Catalpa bungei*
＊44	二球悬铃木	悬铃木科	悬铃木属	*Platanus×acerifolia*
＃45	无花果	桑科	榕属	*Ficus carica*
＃46	苦楝	楝科	楝属	*Melia azedarach*
＃47	青桐	梧桐科	梧桐属	*Firmiana simplex*
＊48	火炬树	漆树科	盐肤木属	*Rhus typhina*
＊49	棕榈	棕榈科	棕榈属	*Trachycarpus fortunei*
＃50	金边大叶黄杨	卫矛科	卫矛属	*Euonymus japonicus* cv. Ovatus Aureus
＊51	孝顺竹	禾本科	簕竹属	*Bambusa multiplex*
＃52	红叶石楠	蔷薇科	石楠属	*Photinia×fraseri*

注：＊表示外来树种，＃表示乡土树种。

此次调查主要树种有：银杏、水杉、金叶水杉、池杉、圆柏、黑松、雪松、杨树、柳树、广玉兰、白玉兰、鹅掌楸、榉树、朴树、北美枫香、重阳木、乌桕、国槐、苦楝、日本晚樱、海州常山、女贞、棕榈、夹竹桃、孝顺竹、香樟、红花檵木、桂花、红叶石楠等隶属49科40属共85种近300多株（见附录）。

3.3　树木生长衰弱的原因分析

3.3.1　树种选择

3.3.1.1　常绿树种与落叶树种

从总体调查情况来看，相比于落叶树种，常绿树如香樟、桂花、夹竹桃、广玉兰、孝顺竹等更易遭受冻害且受冻情况较严重，容易出现黄化、枯干等生长不良的状况。其中，香樟、夹竹桃和孝顺竹在五个城市中均出现了不同程度的冻伤。另外，淮安金湖荷花荡景区和盐城滨海政府广场内海桐均出现焦枯的症状；淮安八十二烈士陵园和盐城滨海政府广场内枇杷出现枝叶稀疏、长势不佳的现象。榉树、朴树、楸树等落叶树种无明显的受冻表现，在适宜的栽培环境中生长态势非常好，如徐州建筑职业技术学院向阳坡面的几株楸树，宿迁项王路的楸树行道树，连云港苍梧绿园里的朴树等。因此，在绿化树种规划和绿地建设中，常绿树种与落叶树种比例要合理，尽量选择耐寒性强的常绿树种。

3.3.1.2　乡土树种与外来树种

调查发现，乡土树种比外来树种适应性强。如雪松、榉树、楸树、海州常山、栾树、臭椿、苦楝、重阳木、朴树、乌桕、黑松、圆柏、枫香、火炬树、流苏等树种，大多为原产于温带地区或长期在本地栽植的乡土树种，表现出较强的抗性。此外，耐寒力较强但生长势较弱的树种有：国槐、水杉、鹅掌楸、枇杷、棕榈、柳树、红枫、红花檵木等，此类树种在本次调查中生长势不佳，呈现的园林景观效果较差。相比之下,近年来各地盲目引进的一些外来树种,由于引种时间较短,对苏北地区环境的适应能力不强,如孝顺竹、夹竹桃等,其冻害级别达到Ⅳ～Ⅵ级。还有边缘树种如香樟,极端低温对其影响特别大,虽然大部分尚未全树枯死,但其地上枝干及叶片全部枯死,从茎干基部重新萌蘖,长出新枝,短时间内严重影响了景观效果。除了从南方引进的亚热带树种受冻害影响较严重外,从北方引进的树种,如白桦在南移的过程中,因南方夏季高温高湿,生长势较差,并且易进一步引发病虫害。因此,选择引进树种要慎重,应严格遵循树种的生物学和生态学习性,充分了解树种原产地与引种地的年平均气温、最低温等限制引种的主要环境因子,并进行严格的引种驯化。

3.3.1.3　树木品种

研究表明不同植物其环境适应能力不同,且各品种之间存在较大差异。此次调查发现,不同品种桂花的适应性存在显著差异,秋桂类的生长状况明显优于四季桂类,与毕绘蟾[①]等人认为的桂花抗冻性强弱顺序为金桂＞银桂＞丹桂＞四季桂的研究结果相符。鹅掌楸也存在类似情况,如从连云港和徐州两市的调查结果看,杂交鹅掌楸的长势要远远好于鹅掌楸和北美鹅掌楸,其树姿高大壮丽、挺拔丰满,景观效果非常好,而鹅掌楸的树形不伸展,生长势弱,景观效果不好。很多树种中,杂交品种抗性强、生长较好,所展现的景观效果强。所以在选择时,应综合考虑多方面影响因素,选择综合效果最佳的品种。

3.3.1.4　树种来源

园林苗木的来源地不同,代表了其不同的驯化程度。以南北为例,不同种源地香樟的抗寒能力差距较大,从江北如江苏的江都、南京和安徽的滁

---

① 　毕绘蟾,孙醉君,顾姻,等.桂花抗冻种质的筛选及抗冻机理初探[J].植物资源与环境,1996(01):18-22.

州、合肥等地引种的香樟成活率、抗寒性要大大好于江南的樟树。本次调查中发现,淮安地区小范围内的香樟的生长状况也不同,另外我们还发现金湖县很多背风向阳的优越小气候环境,其生长的状况不如洪泽区的香樟,可能是由于香樟的来源地不同而导致的;在淮安东方园林金湖基地,从北方引进的美国红枫小苗生长较好,而从浙江萧山引进的小苗则长势不佳。因此,采购园林绿化苗木时,尽可能选择气候类型相近的种源地是极为重要的。

3.3.1.5 树种规格和栽植时间

同一树种,树龄较大、树势较强壮的植株,生长状况较稳定。如徐州疗养院内的大香樟,为国家二级保护树种,约有 50 年树龄,树体高大强健,相对于其他规格、树龄的香樟,其生长状况良好,那些新栽植的香樟在此次冻害中均难以幸免;桂花也是如此,如盐城青年东路绿化带栽种的波叶金桂,由于刚移植不久,还没有完全恢复就受极端低温的影响,遭受了冻害,而徐州建筑职业技术学院墙隅处的一株大桂花,栽植时间较长,未见丝毫冻害;又如棕榈,Ⅰ级冻害的情况多发生在树体矮小的植株上。入冬修剪后的植株受冻害较为严重,伤口无法愈合,很快抽干枝条;盐城响水县的广玉兰,由于是大树移栽,且城市综合环境条件并不太适宜,广玉兰枝条稀疏,生长衰弱较为严重。

3.3.2 环境因子的影响

3.3.2.1 温度因子

苏北地区属暖温带半湿润季风气候,植物种类丰富,自然植被中常见的常绿阔叶树如冬青、石楠、女贞等,理论耐寒度的平均值为−5℃等值线,在江苏境内大致以长江为界,自然的北亚热带界线以南多数耐寒常绿阔叶树均能安全越冬,遇严重寒冷仅轻度冻伤。而香樟、夹竹桃不属耐寒常绿阔叶树,香樟的寒冷指标原为−3.7℃,其等值线在宜兴、苏州一带,属中亚热带,所以香樟在江苏北部地区容易冻伤。但是随着其作为常绿阔叶树被广泛引种到北部地区,通过逐渐的驯化,其抗寒能力也逐渐增强,目前其耐寒度约在$-10℃$~$-14℃$。这就要求我们在引进种类,增加生物多样性时,应考虑植物自身生长习性,以保证引种的成功和减少冻害的损失,这也符合植物引种驯化"气候相似论"和"引种区域论"的理论观点。另外,调查中也发现,凡是乡土树种或经长期栽培的归化树种,均表现出较强的抗寒能力,几乎没有受到冻害,如榉树、楸树、朴树等。因为这些乡土树种是当地土生土长,经过长期的自然选择,能够完全适应当地土壤、温度、水分及光照等自然条件。乡土树种和归化树种对当地的极端高温、极端低温、洪涝干旱、风雨雷电以及病虫危害等自然气候和生态环境具有良好的抗逆性和抵御能力。因此,大力加强乡土树种和归化树种的开发与应用很有必要。还有针对一些耐寒性较强的树种,则要根据其不同品种抵御低温的能力,结合已有的调查研究,选择较耐寒的品种,安排在最适合其生长的环境中。

表3-5 常见园林树种的耐寒度

种名	原产地及分布	理论耐寒度
香樟	长江流域以南各省广泛栽培	$-10℃$~$-14℃$
广玉兰	长江流域以南各省广泛栽培	$-10℃$~$-25℃$
桂花	原产我国西南部,黄河流域以南广泛栽培	$-5℃$~$-8℃$
孝顺竹	广东、广西、福建及西南各省广泛栽培	$0℃$~$-5℃$
红花檵木	长江中下游及以南地区广泛栽培	$-14℃$~$-16℃$
夹竹桃	长江中下游及以南地区露地栽植	$-5℃$~$-8℃$
棕榈	秦岭以南地区均有分布广泛栽培	$-9℃$~$-14℃$

本次调查中,几种常绿树种受极端低温的影响,出现了不同程度的冻害,城市园林植物景观效果受到较大影响,还有个别的树种,如海桐等由于高温的影响,出现叶片干枯以及提前落叶的情况。

3.3.2.2 水分因子

水分对园林树种的生长有着重要的影响,水分平衡对植物的生长起着重要的调节作用。在水分过多的情况下,植株的抗逆能力降低,生长易受其他因素的影响;但水分缺乏,生长就会受到影响。苏北地区兼备土壤干旱和大气干旱两种情况,但本次调查中,植物因为水分影响而出现生长衰弱的情况不多。

3.3.2.3 光照因子

根据植物对光的要求,可将植物分成阳性植物、阴性植物和居于这二者之间的耐阴植物。阳性植物要求较强光照,不耐阴,在全光照下生长良好,否则枝条纤细,叶片黄瘦;阴性植物一般需光度为全日照的 $5\%\sim20\%$,不能忍耐过强光照;耐阴植物一般在充足光照下生长最好,但亦有不同程度的耐阴能力,需光度在阳性和阴性植物之间,大多数植物属于此类。本次调查中光照因子对园林植物的影响主要体现在两个方面:一是过强的光照使不耐强光的树种发生叶片灼伤,如海桐和法国冬青;二是光照不足使得一些阳性植物叶色发生改变,如红花檵木和红枫在一些光线不好的小环境中部分叶片会发生颜色返绿现象。

3.3.2.4 土壤因子

土壤通过水分、肥力及酸碱度来影响树木的生长。根据植物对土壤酸碱性适应的不同,可将植物分为酸性土植物、中性土植物、碱性土植物。苏北的土壤主要为中性土壤和碱性土壤,并不适合酸性土植物的生长,如香樟性喜微酸性黏土,不耐盐碱,而盐城地区的土壤盐碱较重,有机质含量少,香樟的生长状况不好。土壤性质和土壤肥力状况以及栽植深度对园林植物的生长也有很大影响,如连云港苍梧绿园土壤质量较好,园内的广玉兰生长良好。

3.3.2.5 风力影响

空气因子中对园林植物生长影响较大的主要是风力干扰,处于风口处的植株易出现生长不良的情况,尤其是桂花,风口处、空旷道路旁的桂花生长状况很差;同等条件下,靠近海边的夹竹桃的受冻情况也尤为严重;片植香樟的冻害情况相对稍好于道路旁的香樟。

3.3.3　栽培措施

3.3.3.1　栽培环境

（1）城市环境有其独特性，由于市区的热岛效应，市区和郊区植物的生长环境有所不同，从树木生长衰弱状况来看，两者间并没有太大的差异，但是仅从冻害发生角度来看，栽植于郊区的树种较市区冻害严重。位于市区内的连云港苍梧绿园和徐州金龙湖宕口公园，树木生长均较好，无冻害发生。而在连云港九岭路一带因离主城区较远，且地势较空旷，平均温度比市区低，发生冻害相对较严重，特别是香樟和桂花，其他相同树种也表现出明显的差异。

（2）空旷处、风口处较避风处树木生长衰弱的情况更严重，例如在连云港沿海公园风口处、盐城和宿迁的多条道路旁的桂花，由于长期遭受风侵袭，枝叶量非常少，生长状况很差，严重影响了景观效应；而在连云港苍梧绿园、宿迁住宅小区和徐州矿大文昌校区内墙隅处，相同品种桂花生长情况较好，香樟亦如是。

（3）水岸边的树木冻害严重，淮安金湖水上森林公园道路两旁水杉、池杉冻害严重，近1/2枯死。

（4）地势低洼处的树木出现冻害情况较严重。地势低洼，冷空气易沉积的地方冻害较严重。其原因是低洼地冷空气一旦进入，则沉积不易流动，空气中的水分容易凝结于叶片表面结冰，造成植物细胞破裂而失水死亡；而风口处则温度低，风速大，植物因风干失水而死亡。例如低洼处的夹竹桃、孝顺竹等受害严重，冻害程度达Ⅴ～Ⅵ级。

（5）背风向阳处的树木比阴面生长的树木状况好。阳面白天温度较高，晚上又由于周围建筑物的包围，形成了很好的小气候环境，不易受一些极端天气的影响。例如同处于宿迁希望城小区的桂花，由于周围有高大居住楼的阻挡,且背风向阳构成独特的小气候环境使得桂花生长不错,而居民区道路两旁通风口栽植的桂花则长势较弱。再如盐城射阳服务区的孝顺竹,种植在墙隅向阳处的两丛只受Ⅱ级冻害,但是在盐城廉政广场因遭受高大悬铃木的荫蔽,冻害达到Ⅴ~Ⅵ级,严重影响了景观效果。因此在植物配置时,要实地调查立地条件,坚持适地适树原则。植株越多,树冠越茂密,可以互相保护,减轻冻害。

3.3.3.2 栽植时间

新栽植的树木易受冻害,盐城响水淮河路一带新移栽的广玉兰生长不良,响水高速路入口处2015年移栽的香樟基本全部死亡,个别新枝从基部萌发。而连云港朝阳东路2002年种植的香樟,仅极个别植株出现死亡,冻害级数在Ⅲ~Ⅴ级。杉类植物耐寒力相对较强,但是淮安金湖水上森林公园道路两旁的水杉、池杉,由于刚移栽不久,在遭遇冻害天气后近一半以上出现枯叶、枯枝的现象。

因此,对易受冻害树木或新移栽树木最好在春季栽植,使其在冬季来临前能度过缓苗期。一般春季栽培比秋季好,因为春季栽植的外来树木,经过夏季生长定根,能提高其越冬的生存能力。

3.3.3.3 栽植方式

本次调查涉及各种绿化树种的种植方式及配植模式,大乔木或亚乔木以孤植或列植为主,小乔木以群植为主,灌木则以绿篱式栽植为主。不难发现,密植虽然可以增加色块面积,但因过于强调色块的效果,其内部通透性较差,养护不便,在面积较大的色块内,植株非正常死亡的现象并不少见。因此,对那些分枝角度较大、耐阴性稍差的植物,使用密植手法值得商榷。在调查中还发现了其他一些比较突出的问题,比如立交桥下成片栽植的八角金盘,常年处于荫蔽环境中,又疏于管理,因此退化较为严重,表现为叶色苍白,叶面灰尘大,极大地影响了整体的景观效果。在今后的树种选择时,应对树种的适生环境予以考虑。

调查还发现树木的种植方式与其受冻害程度有一定的关系，也与栽植穴的深浅和栽植时保留的枝叶多少密切相关，如响水高速路入口处 2015 年栽植的香樟，栽植穴浅而且是全冠移栽，受冻严重，几乎 90％的植株未能幸存；盐城工农路路边放置的盆栽桂花由于生长空间受限，生长较差；淮安健康东路永辉超市门前树池里的国槐生长不好；连云港苍梧路树池里的鹅掌楸生长不良，而位于同一道路两旁，以种植带栽植的鹅掌楸，则叶色更翠绿，树阴更茂密。

4

常见园林树种生长状况分析

4.1 部分常见园林树种概述

常绿树种以四季常青,花色果色丰富以及树形优美在城市园林中具有较高的景观价值。一般江苏北部地区城市,景观绿化树种以落叶阔叶树种为主,当冬季树种凋落后,呈现出色调单一、萧条的景观。而常绿树种则四季常青,生态效益明显高于落叶树种,可以丰富城市园林树种的多样性和新颖性,提高整个城市的生物多样性水平,从而优化城市园林植物的群落结构,改善和优化城市的生态环境。所以,城市园林绿化部门大力提倡栽植常绿树种。

但是,常绿阔叶树种自然分布在我国秦岭、淮河以南的广大地区,虽然常绿植物北移已经取得相当大的成功,但从引种数量上可以看出自南而北随着纬度的增加,常绿阔叶植物北移的种类明显减少,而且难度也增大。植物生长受气候因子、地理环境制约以及养护管理等影响。本次调查选用在苏北地区城市园林中应用范围较广、观赏价值较高但生长衰弱较严重的几种常绿树种,如樟树、广玉兰、桂花、夹竹桃、孝顺竹等,以及一些生长状况略差的落叶树种。通过各地生长衰弱情况的比较,结合植物自身生态习性、栽培措施等重点分析其致衰原因。

(1) 樟树

樟树(*Cinnamomum camphora*),别名香樟,为樟科樟属常绿乔木,适宜生长区域在北纬 $10°\sim30°$ 之间,为亚热带常绿阔叶林的代表树种,是亚热带地区(西南地区)重要的材用和特种经济树种,属国家二级保护树种。因樟树四季常绿,枝叶繁茂,能吸附灰尘降低污染,还能大量吸收 HF、SO_2 等有毒气体,具有杀菌功能,是我国南方的珍贵用材和城乡街道、庭院绿化树种。

樟树多分布于中国长江以南各省,主产台湾、福建、江西、浙江等地,尤以台湾和华东地区最多。樟树的寒冷指标原均值为 $-3.7℃$,其等值线在宜兴、苏州等中亚热带。樟树喜温暖湿润气候,较为喜光照,适于生长在深厚肥沃的酸性或中性沙壤土,稍耐盐碱,能耐水湿,不耐干旱瘠薄。

随着城市建设的快速发展,北方地区对常绿、芳香的乔木树种需求越来越大,山东、河南、江苏苏北等地区的园林工作者尝试着引进此树种,以改善冬季园林景观,虽然取得了一定的成果,但越冬问题未根本解决,北方的冬季低温是香樟栽植成功与否的限制因子,不同地区香樟的冻害情况也不同。近些年,不少学者对香樟冻害均做了一定的研究:何承志[①]在樟树耐寒力调查中发现市区香樟可能因为城市效应,春天均能及时发芽恢复生长,市郊的樟树一片枯黄,冬季均因嫩枝受冻而不能及时发芽;罗静贤等[②]于 2012 年冬季对秦岭南坡香樟栽培北缘区的冻害情况调查后,研究发现综合因子(受极端最低气温、低于-10℃的天数、降温速度、过程降温幅度、风力及空气相对湿度)和专项因子(极端最低气温持续时间)在冻害发生过程中起主要影响作用,且综合因子贡献大于专项因子;孟凡娟等[③]人通过调查发现绿化密度高、南北行种植、北面高楼大厦阻挡、种植年限 5 年以上的成年香樟树,在相对条件下冻害最轻;万养正等[④]人发现香樟冻害与其表现出的越冬抗寒机制有关,抗寒能力越强,冻害越轻;侯蕊[⑤]调查发现香樟(小叶樟)的抗寒指数显著高于大叶樟,从种源对比来看,南北种源抗寒能力差距较大,从江北如江苏的江都、南京和安徽的滁州、合肥等地引种的香樟成活率、抗寒性要大大好于江南的樟树。

(2)桂花

桂花(*Osmanthus fragrans*),木犀科木犀属常绿木本植物,在我国栽培历史悠久,在秦岭淮河流域以南至南岭以北的广大地区均有大量的栽培,并

① 何承志.1991 年冬南京地区常绿阔叶树冻害情况的调查与分析[J].江苏林业科技,1993(02):44-47.

② 罗静贤,马西宁.秦岭南坡香樟栽培北缘区冻害调查与分析[J].现代农业科技,2014(01):193-194.

③ 孟凡娟,田付军,王永祥.连云港市区香樟越冬冻害调查及防冻保护措施[J].农业开发与装备,2016(07):177-178.

④ 万养正,马西宁.关中平原区香樟越冬冻害成因研究[J].陕西林业科技,2013(03):9-14.

⑤ 侯蕊.山东省引种樟树抗寒性研究[D].山东农业大学,2013.

形成了江苏苏州、四川成都、湖北咸宁、浙江杭州和广西桂林历史上著名的五大产区,另外在四川、云南、浙江、福建、江西、安徽、湖南、湖北等省区均有野生分布。淮河流域至黄河下游以南各地普遍地栽,以北则以盆栽居多。

桂花在我国的适生分布主要在南岭以北至秦岭以南的广大中亚热带和北亚热带地区。该区水热条件较好,土壤多黄棕壤和黄褐土,植被则以亚热带常绿阔叶针叶林类型为主。桂花喜温暖环境,宜在土层深厚,排水良好,肥沃、富含腐殖质的沙壤土中生长,不耐干旱瘠薄,在浅薄板结贫瘠的土壤上,生长特别缓慢,枝叶稀少,叶片瘦小,叶色黄化,不开花或很少开花,甚至有周期性的枯顶现象,严重时桂花整株死亡。桂花喜光,但有一定的耐阴能力,幼树时需要有一定的庇荫,成年后要求有相对充足的光照,桂花适宜栽植在通风透光的地方。桂花不耐烟尘危害,受害后往往不能开花,畏淹涝积水,耐高温,有一定的耐寒性。

毕绘蟾等人研究桂花抗冻性强弱顺序为:金桂>银桂>丹桂>四季桂。杨庆华[①]在桂花抗冻性研究中提到,南京地区的桂花品种抗冻顺序为:四季桂>朱砂丹桂>早银桂>宽叶籽银桂>籽银桂>晚银桂>波叶金桂>紫梗籽银桂;山东地区的品种抗冻顺序为丹桂>朱砂丹桂>日香桂>蒙山金桂>小叶苏桂。

(3) 广玉兰

广玉兰(*Magnolia grandiflora*)又名荷花玉兰,为木兰科木兰属的常绿乔木,在原产地高达 30 m;树姿雄伟壮丽,抗逆性强,叶大光亮,四季常青,花大而洁白美丽,花色艳丽,花香宜人,树姿优美多态,其聚合果成熟后开裂,露出的鲜红色种子相当美观。花期5—6月,果期9—10月,是常绿阔叶树种中罕见的优美观赏树种。

广玉兰原产北美东南部,在我国长江流域以南各城市均有栽培,1913 年前后引入我国广州,故名广玉兰。广玉兰喜温暖湿润气候,但具耐短期寒冷的能力,主要栽培于长江流域至珠江流域。近年来,广玉兰不断引种到华北

---

① 杨庆华. 桂花的地理分布及其抗冻性研究[D]. 南京林业大学,2006.

地区,但北方冬季严寒是其重要的影响因子,导致苗木引种质量不高。除了北方冻害的影响,园林管理措施是否得当也是影响其生长的重要因素。田翠英等[1]谈到广玉兰小苗前5年移栽成活率和保存率低、大树(直径15m以上)移植极难成活且冬季难以经受−14℃以下的低温气候;周建等[2]研究表明采用树干裹草方式保护广玉兰幼树的效果最好,且实生幼树所表现出的抗寒能力强于嫁接幼树;夏日红等[3]通过实验表明广玉兰适合在微酸性、土层深厚肥沃、通气性好、排水性强的土壤中生长且要求有充足的阳光;张远兵等[4]通过比较不同营养基质对盆栽广玉兰生长的影响,发现田园土、煤渣、河沙、珍珠岩、鸡粪、玉米芯和花生壳按1.0、0.5、0.5、0.5、1.5、1.5和1.5比例混合的营养基质对广玉兰生长的综合效果最好。

(4) 夹竹桃

夹竹桃(*Nerium indicum*)为夹竹桃科夹竹桃属常绿直立大灌木,花大、色艳、花期长,明丽动人,叶形柔美,花期初夏至秋末,具有很高的观赏价值,可以在草坪、公园种植,也可以做成盆栽以供观赏,管理粗放,耐修剪,是品质优良的园林树种。

夹竹桃原产伊朗、印度等国,现广植于亚热带及热带地区。在我国,夹竹桃主要分布于长江流域以南亚热带温暖湿润地区,因其较高的观赏效果和较强的抗性而备受园林建设者的青睐。事实上,温度是限制常绿阔叶树种向更高纬度地区引种栽培的一个重要的环境因子。夹竹桃在引种、驯化和应用于长江以北城市的过程中,其冻害也是屡屡发生。何承志[5]调查发现

---

① 田英翠,杨柳青,曹受金.广玉兰在园林景观设计中的应用[J].安徽农业科学,2006,34(19):4926-4927.

② 周建,杨立峰.广玉兰幼树冬季防寒技术研究[J].北方园艺,2012(12):76−78.

③ 夏日红,王钰.广玉兰的生长与立地条件中的关系研究[J].安徽农业科学,2008,36(35):15417-15418,15443.

④ 张远兵,刘爱荣,刘勇,等.不同营养基质对盆栽广玉兰生长的影响[J].安徽农业科学,2009,37(10):4661-4663.

⑤ 何承志.1991年冬南京地区常绿阔叶树冻害情况的调查与分析[J].江苏林业科技,1993(02):44-47.

夹竹桃发生冻害时,几乎多数从枝条下端由隐芽抽出枝条,恢复比较困难,恢复周期较长;徐绍清等[①]发现同等条件下花叶夹竹桃冻害程度极显著严重于夹竹桃,迎风口的冻害显著严重于避风口,且越接近枝梢顶端冻害越严重;梁莉莉[②]等人对合肥市 2008 年初雪灾造成园林树木冻害的调查发现,市区内的夹竹桃冻害程度相对低于郊区和苗圃栽植的夹竹桃。

(5)孝顺竹

孝顺竹(*Bambusa multiplex*)又名慈孝竹,为禾本科簕竹属的常绿植物,枝叶密集下垂,形状优雅、姿态秀丽,为传统观赏竹种。多栽培于庭院,可孤植、群植,作划分空间的高篱;也可在大门内外入口甬道两侧列植、对植;或散植于宽阔的庭院绿地;还可以种植于宅旁基础绿地中作绿篱用;也常见在湖边、河岸栽植。若配置于假山石旁,则竹石相映,更富情趣。

孝顺竹原产于中国和越南,主产于广东、广西、福建、西南等省区,江苏、浙江、安徽南部栽植亦能正常生长。孝顺竹系丛生竹类中之较为耐寒者,适生于温暖湿润、背风、土壤深厚的环境中。

竹子由于生长习性、适应性、生态、文化内涵和社会效益等诸多方面的优势,已经开始成为北方城市园林绿化、提升城市品位、提高城市文化内涵、打造个性化城市的重要绿化材料,但在引种、运用时常常出现冻害的情况。孙飞飞[③]研究观赏竹的耐寒性发现地被竹中鸡毛竹耐寒性较强,菲黄竹、菲白竹和铺地竹耐寒性较差;小灌木状竹中辣韭矢竹耐寒性较好,长叶苦竹、凤尾竹较差;低型竹中金镶玉竹、紫竹、黄秆京竹、方竹耐寒性依次减弱;中型竹中斑竹、黄纹竹、桂竹、黄秆乌哺鸡竹、唐竹、孝顺竹的耐寒性依次减弱;高型竹中毛竹、绿槽毛竹、橄榄竹的耐寒性依次减弱。苏护春[④]在调查丛生

---

① 徐绍清,王立如,徐连根,等.花叶夹竹桃叶片冻害调查分析[J].林业科技开发,2011,25(05):68-70.

② 梁莉莉,洪家友,黄成林,等.合肥市城市道路绿化行道树配植模式的研究[J].安徽农学通报,2008(21):128-131.

③ 孙飞飞.观赏竹的耐寒性研究及园林应用[D].浙江农林大学,2015.

④ 苏护春.永安大湖竹种园丛生竹冻害情况的调查与分析[J].华东森林经理,2006(04):20-22.

竹冻害时发现箣竹属竹种、慈竹属竹种、绿竹属竹种和杂交竹种受冻害概率较小,较适宜引种。张小庆[1]初步筛选出抗旱性较强的唐竹、花竹、金丝慈竹和花巨竹等适用于城市绿化的竹种。

本次调查中除了以上五种生长衰弱较为严重的树种外,还有一些植物也出现了生长衰弱以及生长势不佳的情况,使其原有的景观价值受到影响,导致城市园林植物群落结构的优化及城市生态环境的改善也相应减弱,故今后此类树种在园林中的应用与推广也需了解其在各地实际生长状况。

4.2　常见园林树种生长状况分析

通过对苏北五个城市常见园林植物生长情况的调查发现,生长衰弱情况可以分为两类:一是一些常绿树种受极端低温的影响出现冻害;二是园林树木由于受其他气候因子以及栽培等影响而出现生长不良的状况。究其原因,可概括为三个方面:树种选择、气候因子、栽培环境及措施,以下从这三个方面详细说明几种常见园林树木生长状况的调查结果。

4.2.1　树种选择

鹅掌楸属植物有鹅掌楸、北美鹅掌楸和杂交鹅掌楸三种,其在苏北地区的生长差异较大。鹅掌楸性喜光及温和湿润气候,有一定的耐寒性,喜深厚肥沃、适当湿润而排水良好的酸性或微酸性土壤,在干旱土地上生长不良,也忌低湿水涝。该树种对空气中的 SO_2 气体有中等的抗性。鹅掌楸、北美鹅掌楸和杂交鹅掌楸生长势也不同,杂交鹅掌楸抗性最强,北美鹅掌楸次之,鹅掌楸较差(图 4-1),图中两棵树姿雄壮的为杂交鹅掌楸,左侧生长较弱的为鹅掌楸。徐州地区的杂交鹅掌楸生长势也非常好。因此,鹅掌楸中杂交

---

①　张小庆. 城市绿化用竹引种及适应性研究[D]. 福建农林大学,2013.

鹅掌楸可在苏北地区做示范及推广。

图 4-1　连云港苍梧路的鹅掌楸

对比本次在淮安地区金湖县和洪泽区的调查结果,洪泽区的香樟冻害情况最弱(见图 4-2),但从地理位置来看,金湖县位于洪泽区的南侧,也有很多背风向阳的优越小气候场地,但其香樟生长的状况不如洪泽区的,其原因在于香樟种源的不同。园林绿化市场上有相当多的香樟苗是从湖南、江西等地长途运输来的,原产地的生长环境和苏北地区气候环境差异较大;且苗木经过长途运输失水较多,成活后长势较差。从种源对比来看从长江以北,如江苏的江都、南京和安徽的滁州、合肥等地引种的香樟成活率、抗寒性要大大好于长江以南的樟树。

本次调查中涉及的竹类较少,主要为孝顺竹和哺鸡竹,其中以孝顺竹的冻害较为严重。盐城廉政广场和盐城射阳服务区两处的孝顺竹,虽都处于角落,周围有建筑和高大植物的遮挡,但植株地上部分全部死亡,新枝叶从基部萌发(图 4-3、4);相反,淮安八十二烈士陵园哺鸡竹生长良好,无任何冻

图 4-2　淮安洪泽湖服务区的香樟

图 4-3　盐城廉政广场的孝顺竹

害现象(图 4-5)。因此,在引进竹类时,选择与当地气候相适宜的树种尤为
关键。

图 4-4　盐城射阳服务区的孝顺竹

图 4-5　淮安八十二烈士陵园的哺鸡竹

调查中发现,桂花的总体生长状况较差,植株较小的更为严重,甚至出现了冻害。如盐城滨海县政府广场(图 4-6)、青年东路栽种的四季桂(图 4-7),由于是小灌木,普遍长势较差,冻害较严重。另外,桂花幼树时需要有一定

图 4-6　盐城滨海县政府广场的桂花

图 4-7　盐城青年东路绿化带的桂花

的庇荫,成年后要求有相对充足的光照。树龄较大的植株冻害较轻。如徐州建筑职业技术学院墙隅处的一株大桂花,由于栽植时间较长,生长较好,植株高大,未见冻害(图4-8)。

图4-8　徐州建筑职业技术学院墙隅处的桂花

徐州建筑职业技术学院入口处道路近几年新栽植的香樟,由于周围环境较为空旷,无高大建筑物等遮蔽,香樟的冻害非常严重,恢复时近一半的植株从基部萌发,个别从主干中下部萌发,近三分之一的植株从中部分枝处萌发(图4-9)。

徐州建筑职业技术学院老建筑群北面栽植的香樟(图4-10),定植时间早于入口处的香樟,因其南面有建筑物遮蔽,北面光照不足,其枝干从基部伸出,应为早期栽植,因受冻害地上部分全部死亡,来年从基部萌发。在低温环境亚热带南部和中部地区引种的常绿阔叶树种,幼树的叶和芽容易遭受冻害,以致整个树形发展呈灌丛状。此处香樟冻害情况相对严重,早春还是一树枯干,现已恢复较好,主要是从中部及以上部位萌发。较之前其他地

图 4-9　徐州建筑职业技术学院的香樟之一

图 4-10　徐州建筑职业技术学院的香樟之二

区,不同点在于:其下部枝条萌发,顶部枝条受害不萌发,整体株形不受影响,其受害程度远远弱于入口处近几年栽植的香樟。

距徐州建筑职业技术学院约 8 km 的徐州疗养院(现为徐州东方专修学院)内的香樟(图 4-11),约 50 年树龄,相对之前的冻害,此处的香樟冻害情况要更弱,仅为中部枝干的顶部的幼嫩枝条受冻出现干枯,其他部位几乎不受影响。通过查阅资料得知,在 1992 年的 1 月份,江苏南部当时的气温为－11℃,且持续了 3 d,最低温度达－13℃,处于江苏北部的徐州的温度应更低,当时香樟树受到严重冻害,大量的香樟冻死。故猜测徐州疗养院内的香樟分枝点较低的原因为当年或某年寒冬低温的影响。

图 4-11　徐州疗养院的香樟

从以上徐州三处的调查发现,香樟的栽植年龄不同,受极端寒冷天气的影响也不同,随着栽植年限的增长其受冻害的影响也越来越小。但即使是栽植 50 年以上、处于很好的小环境气候中的大树还是会受到极端寒冷天气的影响。因此,香樟树固然是好的景观树种,也要因地制宜,气候的变化是不以人的意志为转移的,在树种规划时要减少或不使用香樟,从而减少不必要的损失。

调查发现,广玉兰受冻后,冻害芽体逐步变色,最后呈黑褐色;受冻害后,新生枝条很快失水萎蔫,而成熟硬枝由绿色逐渐变成浅黄褐色至深褐色,受害程度愈重颜色愈深;叶片受害后由绿色变成黄褐色,并逐渐干枯。本次调查中广玉兰的冻害并不是很严重,主要有以下两种情况:一是株形没有变化,枝条顶端的叶子颜色为黄褐色;二是叶色无显著变化,但其株形受损严重,一部分枝条因环境影响而干枯。

广玉兰作为行道树优点很多,但是其生长对环境具有特殊要求,一般城市园林环境难以满足,因此广玉兰作为行道树的效果并不是很好。绿化中若使用广玉兰小苗,小苗生长缓慢,很容易遭到人为破坏,难以保证其成活率和保存率。盐城响水淮河路种植的广玉兰植株较小,处于人流量较大的道路,很容易受到行人和车辆的破坏,加之其他方面的原因,其生长前景不容乐观(图 4-12)。若使用大苗,移植极难成活,后期的土壤及立地条件很难满足广玉兰大树的生长,景观效果难以保证。淮安八十二烈士陵园的广玉兰植株树龄较大,树干健硕,但其枝条并不丰茂,虽是大树,景观效果却较差

图 4-12   盐城响水淮河路的广玉兰

（图4-13）。因此江苏省相关部门也在探讨广玉兰作为行道树是否合适的问题。

图4-13 淮安八十二烈士陵园的广玉兰

4.2.2 气候环境

4.2.2.1 温度因子

（1）不同城市香樟生长状况的分析与比较

淮阴区位于淮安市的中部，淮阴区苗圃地周围较为空旷，无高大建筑物遮挡，此地香樟冻害情况可以代表本次调查中淮安市香樟冻害的大致情况（图4-14）。当地的香樟冻害情况并不完全相同，主体的冻害情况为香樟中上部二三年生枝条和嫩枝出现冻伤，出现枯枝，而整体株形未受影响。

图 4-14　淮阴区苗圃地的香樟

淮安洪泽湖服务区位于淮安市南侧,香樟的种植地周围有建筑物遮挡,建筑物可阻挡冬季寒风,且位于建筑物东面,阳光充足,此处的香樟无冻害现象,为本次调查中香樟生长最好的地区(图 4-15)。

图 4-15　淮安洪泽湖服务区的香樟

宿迁党校位于宿迁市区,周围环境属于半空旷空间,周围有树木的遮蔽,且有建筑物的遮风,单位绿地的养护管理较为精细,此处香樟的冻害情况大体可以代表宿迁市区香樟冻害的情况(图 4-16)。香樟的冻害较为严重,植物中部及以上均出现冻害,且树干中部以上的枝条几乎全部冻伤,呈枯枝状态,新枝与新叶从树干中部分枝处萌发。植物整体株形受到影响,由于新分枝的萌发,其枝下高降低,不再适合继续作为行道树。

图 4-16 宿迁党校的香樟

连云港健康东路位于连云港老城区的西南侧,处于新城区,东西走向,此处并不是很空旷,周围有高大树木以及建筑物的遮蔽,香樟的冻害情况很严重,个别出现整株死亡的现象,也有一些从基部开始萌发,大部分是从中部及下部萌发,且萌发的情况较差。连云港健康东路的香樟(图 4-17)情况可以代表本次调查中连云港香樟的整体冻害情况。

盐城开发区位于盐城市区东侧,近几年整体绿化规划施工完成,该地区的香樟冻害情况较为严重,且差异较大,有些道路出现整株死亡现象,部分植物

图 4-17　连云港健康东路的香樟

可以生长但冻伤严重,基本从中下部重新萌发,且萌发的效果较差(图 4-18);
有些地段香樟的冻害情况相对较弱,大多为中部及以上部位开始萌发,嫩枝

图 4-18　盐城开发区的香樟之一

以及二三年生枝条全部死亡,整体株形不受影响(图4-19),此地区的香樟冻害情况大体可以代表盐城地区香樟冻害的整体情况。

图4-19 盐城开发区的香樟之二

徐州金龙湖宕口公园位于徐州新城区,调查区域的香樟处于其他植物的环抱之中,且下部有灌木的保护,空间较为封闭,小气候环境较为良好。此处的香樟个别是从顶部开始萌发,保留了一些二三年生枝条,但主要是从中部萌发(图4-20)。在徐州地区的调查中,除个别区域的香樟从基部萌发,大多数地区的香樟受害情况与此地香樟冻害情况一致,故能代表徐州地区香樟冻害的整体情况。

(2)不同城市夹竹桃生长状况的分析与比较

通过查阅资料,夹竹桃受极端低温的影响机理为:夹竹桃的原产地在南方,自身基因决定了其不能忍受太强的寒冬侵袭;较低的温度维持较长的时间,超过植株自我调节御寒的限度;枝叶太嫩,所含水分偏多,利于结冰,降低了其抵御冻害的能力,太低的温度使枝叶因结冰而受伤;干寒风使枝叶失水而焦枯等。

本次有关夹竹桃的调查主要集中在三个城市,分别是连云港、徐州和盐

图4-20　徐州金龙湖宕口公园的香樟

城。三个城市的夹竹桃种植的数量都不是很多,但都出现了不同程度的冻伤,其中连云港北固山路的夹竹桃植株地上部分全部出现焦枯,调查时还未见其萌芽返青;徐州建筑职业技术学院校园内的夹竹桃并没有发生地上部位全部死亡的状况,而是地上部分枝条被冻死,从基部萌发新的枝条,还有一部分受极端寒冷天气的影响较小,植株原有株形没有改变;盐城开发区希望大道的夹竹桃位于道路旁,地上部分也是全部受冻,但是新的枝叶已萌发,且长势较为旺盛。总体而言,连云港地区的夹竹桃受害情况最为严重,盐城次之,徐州较弱。调查中发现当温度低于夹竹桃的理论耐寒力时,夹竹桃的冻害很容易发生,但其受害的程度却与植株所处的小气候有着密切的关系。

　　图4-21是连云港北固山路的夹竹桃冻害现状,植株地上部分全部枯干,且未发现有萌发迹象。此处位于道路拐弯处,三面迎风,离海边不远,背面有雪松等高大乔木的遮挡,分析原因可以发现,造成此处夹竹桃冻害严重的原因是低温和大风吹刮。

图 4-21　连云港北固山路的夹竹桃

徐州建筑职业技术学院校园内的夹竹桃冻害情况最弱(图 4-22),并没有出现整株地上部位全部死亡的现象,有一部分枝条还保持活力,一部分虽

图 4-22　徐州建筑职业技术学院校园内的夹竹桃

有冻伤但并不是从基部萌发,而是从枝条上部萌发,还有一部分从基部萌发。夹竹桃位于闭塞的小庭院内,周围有建筑物和高大乔木的遮蔽,这样的小环境一定程度上缓解了冻害。除此之外,此处的夹竹桃的树龄较一般的夹竹桃大,其抗寒性也大大增强,因此在2015年的极端低温中幸免于难。

　　盐城开发区希望大道栽植的夹竹桃(图4-23),其栽植环境与连云港北固山路的夹竹桃相近,都在道路旁,后面有高大乔木的遮挡,不同的是盐城的夹竹桃单面迎风,且离海边较远。此处夹竹桃虽地上部分全部冻伤,但经过半年的恢复,已成一定气候,且长势良好。造成两处的夹竹桃受害情况不一样的原因除了上述几点,最主要的应是温度的影响,盐城位于连云港的南侧,冬季气温高于连云港。

图4-23　盐城开发区希望大道的夹竹桃

　　综上所述,夹竹桃只要是全树未被冻死,总能恢复生长(图4-24、25)。夹竹桃冻伤虽严重,但春季气温回暖后仍能恢复,只不过枝条冻害越严重,春天发芽时间越向后推迟。如果是当年生嫩枝及枝上的芽冻死,春天就不能按时发芽;如两年生枝条被冻死,其休眠芽要从三年生的老枝上发出,所以迟迟不能恢复生长。因此受灾后的夹竹桃虽然能恢复,但是难以保持理

想的株形,一旦受害严重则不能恢复,故建议在选择园林植物时应注意使用
此类植物。

图4-24 盐城市区仁安路的夹竹桃

图4-25 盐城滨海县西湖公园的夹竹桃

（3）白桦生长受高温影响的分析

白桦喜阳光，耐寒但不耐高温，生命力强，在大火烧毁以后的森林，首先生长出来的经常是白桦，常形成大片的白桦林，是北方天然林的主要树种之一。其木材可供一般建筑及制作器具之用，树皮可提桦油。白桦本身生长旺盛，但是在南移的过程中，因南方夏季高温高湿，生长势较差，还会引发病虫害，对植物生长造成循环伤害（图4-26）。

图 4-26 淮安清河植物园的白桦

4.2.2.2 光照影响

相比较而言，北面、建筑物的阴面等环境冻害较严重。桂花喜阳光，好温暖，应栽植于背风向阳处。宿迁希望城小区住宅前栽植的桂花，由于四周楼房的遮挡，升温后积雪融化较慢，所以冻害较严重，出现了Ⅴ级冻害（图4-27）；但连云港苍梧绿园内的桂花栽植于坡地向阳处，长势很好（图4-28）。

图 4-27　宿迁希望城小区的桂花

图 4-28　连云港苍梧绿园内的桂花

　　红枫主要分布于长江流域,适生于温凉湿润、雨量充沛、湿度较高的环境,喜光,较耐阴,不耐严寒,夏季阳光直射叶易黄(图4-29)。可在华北、西北、长江流域广泛栽种;喜肥厚、排水良好的土壤,酸性、中性及石灰质土均能适应。栽培地要求为土层深厚的酸性山地或红黄壤土,耐旱怕涝。

图4-29　连云港北固山公园里的红枫

4.2.2.3　风力影响

　　立地条件中,小气候环境是否处于风口及光照情况对植物的生长影响较大。连云港市政府广场前绿地呈三角状栽植的广玉兰(图4-30),背面有高楼遮蔽,东面有种植于种植池内的香樟遮挡,其余两面较为空旷。南部的香樟虽采光较好,但处于风口处,受风力的影响较大。调查发现此绿地东北部的广玉兰生长状况较西南部好,其中最南边的一排生长状况最差,不仅株形不丰满,而且顶部出现多处枯枝,而东北部的植株株形丰满,无受害迹象。

空旷的地方冻害严重。如淮安环宇路东面空地(图 4-31),由于在路边,四

图 4-30　连云港市政府广场群植的广玉兰

图 4-31　淮安环宇路东面空地上的桂花

周较空旷,风力比较大,桂花受冻较严重。又如宿迁党校门口空地,高1.5 m、冠幅0.6 m、长势较好的桂花也受到冻害。四面通风且风力大,冻害严重。如盐城建军路(图4-32),沿路一排桂花几乎全部落叶,冻害级别达V级。

图4-32　盐城建军路沿路的桂花

4.2.2.4　土壤因子

影响园林植物生长的土壤因素主要有土壤性质、土壤肥力状况和土壤pH值。土壤pH值对土壤微生物的活性、矿物质和有机质分解起重要作用,影响土壤养分的释放、固定和迁移;土壤有机质是植物所需养分的主要来源,能改善土壤的理化性质。

若单从温度对香樟的影响来看,盐城处于本次调查的偏南部,但其香樟的受害情况却相对较重(图4-33),除了园林养护管理的影响外,还有一个重要的原因就是土壤的影响。香樟性喜微酸性黏土,不耐盐碱,而盐城地区的土壤盐碱较重,有机质含量少,地下水位高,因此,仅从受害情况或许看不出区别,但是若从香樟的生长状况和受冻后的自身修复能力看香樟的状况明显差于同纬度的淮安地区(图4-34、35、36)。调查发现除了酸碱度的影响,生长在道路旁等土壤贫瘠处与生长于公园等水肥充足的香樟,生长也有较大的差异。

图4-33 盐城滨海西湖路的香樟

图4-34 淮安八十二烈士陵园里的香樟

图 4-35　淮安清河植物园内的香樟

图 4-36　淮安淮阴区道路旁的香樟

　　盐城青年东路位于盐城开发区,为东西走向道路,道路两侧为苗圃。此处的广玉兰植株顶部出现枯枝,株形不开展,个别植株的叶子呈黄褐色,生长状况一般(图4-37)。广玉兰适宜生长在酸性或微酸性土壤,而盐城土壤的盐渍化较严重,且会出现板结现象,但也有研究表明当植株的胸径达20 cm以上,树龄较大,对盐渍化土壤等恶劣环境有一定的抗逆性,但幼小植株抗性较小,生长容易受土壤pH值的影响。

图4-37　盐城青年东路的广玉兰

　　连云港苍梧绿园为连云港历史较久的城市公园,相比一般的道路绿地,其土壤质量较高,更有利于植物的生长。此处的广玉兰栽植于北门的入口处,阳光充足,四围环境半封闭,且土层深厚肥沃,广玉兰生长良好,树形开张,枝叶繁茂,且无明显冻害现象(图4-38),为本次调查中广玉兰生长较好的绿地。

　　红花檵木是中国湖南特有资源,野生状态的红花檵木生长于半阴环境,属中性植物,喜温暖湿润气候和疏松的酸性土壤,适应性强。栽培地土壤缺乏营养,则叶变小,易返青(图4-39)。

图 4-38 连云港苍梧绿园里的广玉兰

图 4-39 宿迁希望城小区的红花檵木

4.2.3 栽培环境及措施

（1）不同种植方式对香樟生长的影响

位于盐城新城区的范公路为南北走向，此道路的香樟约为同一时期栽植。片植的区域周围密闭性较列植于路边的好。同一区域的两种栽植方式对于香樟的冻害影响并不大，其中片植的植株中约有 1/3 整株死亡，新枝从中部萌发（图 4-40）。列植的香樟虽有冻害但未出现连续植株死亡的状况，而且从植株上部萌发的较多，极少数是从基部萌发（图 4-41），不同的种植方式对香樟受冻害的影响在连云港（图 4-42、43）和盐城（图 4-44、45）等地区的调查中表现得并不明显。

图 4-40　盐城范公路辅道片植的香樟

（2）移植苗木大小、移植时间与香樟生长关系分析

盐城范公路列植的香樟与响水县高速收费站入口处列植的香樟对比来看，响水县高速收费站入口处的香樟冻害非常严重，几乎整条道路的香樟地上部分全部死亡，从基部萌发，由于种植于道路两侧，此处香樟后期萌发后若不经过人为修剪，枝下高过低，将不适合做行道树。分析两处道路香樟不

图 4-41　盐城范公路列植的香樟

图 4-42　连云港苍梧绿园内片植的香樟

图 4-43　连云港九岭路列植的香樟

图 4-44　盐城响水县高速收费站入口处的香樟

图 4-45　盐城范公路旁的香樟

同的受害情况,除了范公路列植香樟的定植时间早于响水县高速收费站入口处香樟,其主要原因为后者的胸径远大于前者,一般认为栽植的香樟的胸径小于15 cm为宜,否则移栽损伤大、恢复慢,不易成活。据当地工作人员介绍,响水县高速收费站入口处的香樟的移栽季节并非为最适的清明前,反季节栽植的香樟如果养护不到位的话,成活率低,对树木的损伤大,与适宜时节移栽的树木状况是不能相比的,植物的生长受到抑制,当遭遇极端天气影响时,发生冻害的概率要显著高于其他树木。

(3) 下垫面的状况对广玉兰的生长状况的影响

在城市园林绿化中,下垫面的状况对广玉兰的生长状况有着重要影响,下垫面主要包括树穴和硬质铺装。很多人行道和分隔带较窄,很多时候广玉兰紧挨路边栽植,树穴小,空间有限,导致广玉兰的根系不能伸展生长。广玉兰的根多集中在 30～40 cm 厚的土层,40 cm 以下根系稀少,根系生长不良导致根系对营养物质的吸收能力下降。

　　盐城响水淮河路的新栽植广玉兰(图 4-46),叶子几乎全部掉落,除了刚移栽的影响,满铺的下垫面对其也有着重要影响。一方面硬质铺装阻断了土壤和大气的气体交换,使土壤中氧气含量降低;另一方面阻止雨水下渗,影响根系对氧气和水分的吸收。此外,树旁的硬铺装有车辆停靠直接对树木根系造成机械损伤。夏季温度高,降雨少,蒸发和蒸腾量大,同时硬质铺装又提高了地表温度,广玉兰对水分的需求加大,若水分补充不及时很容易引起干旱。

图 4-46　盐城响水淮河路的广玉兰

　　(4) 定植时间长短与桂花生长状况的关系

　　盐城青年东路绿化带中栽种的高 1 m,冠幅 0.5 m,长势较好的金桂,由于刚移植过去,还未恢复生长,所以出现了冻害(图 4-47)。另外,桂花不耐烟尘,应避免在尘土飞扬的马路边种植桂花,否则会生长不良,叶片变小,且易于脱落,开花少,甚至不开花。

图 4-47　盐城青年东路中分带的桂花

（5）栽植方式与桂花生长状况的关系

盆栽桂花由于花盆容积有限,容易缺乏养分和水分,因此长势不好,抗寒能力弱。如盐城工农路旁栽种的桂花多选用种植箱,普遍长势差(图 4-48)。

（6）养护管理与园林植物生长状况的关系

枸骨喜光稍耐阴,喜温暖气候及肥沃、排水良好微酸性土壤,耐寒性不强,能适应城市环境,对有害气体有较强的抗性,生长缓慢,萌蘖能力强,耐修剪。园林养护管理不当则易出现死亡现象(图 4-49)。

银杏是喜光树种,耐干旱、耐寒、不耐水涝,对土壤的适应性亦强,所以在我国广为栽植。银杏的抗污染能力较弱,栽培时应选择离污染源较远的地区或轻度污染的地区。移栽银杏必须注意选择合适的移栽时间和栽植地点,如图 4-50 所示,这些在高温天气新移栽的银杏极易发生提前落叶的情况。

图 4-48　盐城工农路箱栽的桂花

图 4-49　淮安八十二烈士陵园里的枸骨

图 4-50 淮安八十二烈士陵园的银杏

珊瑚树喜温暖、稍耐寒,喜光稍耐阴,在潮湿、肥沃的中性土壤中生长迅速旺盛,也能适应酸性或微碱性土壤,根系发达、萌芽性强,耐修剪,对有毒气体抗性强。养护管理不当等易造成植株枯干甚至死亡(图 4-51)。

图 4-51 淮安金湖荷花荡景区的法国冬青

　　海桐对气候的适应性较强,能耐寒冷,亦颇耐暑热;对光照的适应能力亦较强,较耐阴,亦颇耐烈日,但以半阴地生长最佳;喜肥沃湿润土壤,稍耐干旱,颇耐水湿;干旱贫瘠地生长不良(图4-52),黄河流域以南,可露地安全越冬。新移栽的植株若暴露于烈日下易出现焦枯现象(图4-53)。

图4-52　淮安金湖荷花荡景区的海桐

图4-53　盐城滨海政府广场内的海桐

　　北美枫香是原产于北美亚热湿润气候树种,喜光照,耐部分遮阴;适应性强,根深抗风,萌发能力强;在肥沃、潮湿、冲积性黏土和江河底部的肥沃黏性的微酸土壤中生长最好;种植在山地和丘陵地区均有较好的观赏性。若是晚秋或早春移栽,需要较长的缓苗期,如图4-54所示,此处北美枫香列植在道路两旁,为夏初移栽,移栽后遭遇高温干旱天气,导致缓苗期长势不好。

图4-54　宿迁三台山森林公园里的北美枫香

国槐是阳性树种,萌发力强、生长快、耐强修剪、移栽成活率高;根系发达,耐贫瘠,耐寒,耐旱;抗风,抗污染,耐烟尘,对 SO_2、Cl_2、HCl 等有毒气体和铅等重金属具有很强的吸收和富集作用。在城市环境中,土壤贫瘠和地面硬质景观也会影响其生长(图4-55、图4-56)。

4.3　推荐树种

调查结果表明,出现冻害较严重和生长不良的多为引进植物,乡土树种很少发生冻害。我们发现在调查地长势良好的些树种大部分为乡土树种,这些乡土树种,如图 4-55、65 淮安健康东路的国槐,在当地土生土长,经过

图 4-55　淮安健康东路的国槐植株

图 4-56　淮安健康东路的国槐种植池

长期的自然选择和社会历史选择,能够完全适应当地土壤、温度、水分及光照等自然条件,经过自然演替,已融于当地自然生态系统成为固有树种。结合此次调查,推荐适宜在苏北地区推广种植的树种如表4-1所示,并将调查中发现的观赏性价值高、长势好的植物逐一列出。

表4-1 推荐树种

序号	树种	拉丁学名	应用范围			应用模式
			珍贵用材	彩色景观	花果兼备	
1	榉树	*Zelkova Serrata*	●	●	●	行道树、独赏树
2	楸树	*Catalpa bungei*	●		●	行道树、独赏树、遮阴树
3	杂交鹅掌楸	*Liriodendron chinense × tulipifera*	●			行道树、防护树、遮阴树
4	青檀	*Pteroceltis tatarinowii*	●		●	行道树、独赏树
5	皂荚	*Gleditsia sinensis*	●			行道树、防护树、遮阴树
6	香椿	*Toona sinensis*	●			行道树、独赏树
7	乌桕	*Sapium sebiferum*		●		行道树、防护树、独赏树
8	枫香	*Liquidambar formosana*		●	●	行道树、独赏树、遮阴树
9	黄连木	*Pistacia chinensis*	●	●		行道树、独赏树、防护树
10	三角槭	*Acer buergerianum*		●		行道树、独赏树
11	无患子	*Sapindus saponaria*	●	●		行道树、防护树、遮阴树
12	重阳木	*Bischofia polycarpa*	●	●		行道树、防护树、独赏树
13	落羽杉	*Taxodium distichum*	●	●		行道树、防护树、造林
14	黄山栾树	*Koelreuteria bipinnata cv. integrifoliola*		●	●	行道树、防护树
15	海州常山	*Clerodendrum trichotomum*		●	●	花木类、林丛类
16	朴树	*Celtis sinensis*	●	●		行道树、独赏树
17	国槐	*Sophora japonica*		●	●	行道树、独赏树、防护树
18	黄檀	*Dalbergia hupeana*	●			造林、抚育改培
19	色木槭	*Acer mono*	●	●		造林、城乡绿化

序号	树种	拉丁学名	应用范围			应用模式
			珍贵用材	彩色景观	花果兼备	
20	秤锤树	*Sinojackia xylocarpa*		●	●	行道树、独赏树
21	麻栎	*Quercus acutissima*	●			造林、抚育改培
22	栓皮栎	*Quercus variabilis*	●			造林、抚育改培
23	薄壳山核桃	*Carya illinoinensis*	●			造林、行道树
24	玉兰	*Magnolia denudata*		●	●	行道树、独赏树
25	豆梨	*Pyrus calleryana*		●		行道树、独赏树
26	七叶树	*Aesculus chinensis*		●	●	行道树、独赏树、造林

(1) 海棠类

海棠类观赏植物主要为落叶灌木或小乔木,花期为春季,为红色系花朵,果实成熟期为夏秋季节,颜色不一,形状多样,以黄色和红色为主,其主要包括两大类:一类为蔷薇科木瓜属植物,如贴梗海棠(*Chaenomeles speciosa*)、木瓜海棠(*Chaenomeles cathayensis*)和木瓜(*Chaenomeles sinensis*);另一类为蔷薇科苹果属植物,如西府海棠(*Malus micromalus*)、垂丝海棠(*Malus halliana*)等。

木瓜属海棠,花先于叶开放或迟于叶开放,梨果较大,倒卵形。为重要观赏植物,世界各地均有栽培。

贴梗海棠:落叶灌木,高达 2 m;枝条直立开展;花期 3—5 月,果期 9—10月;贴梗海棠在早春先花后叶,花色红黄杂糅,相映成趣,是良好的观花、观果花木。多栽培于庭园供绿化用,也供作绿篱的材料,可孤植或与迎春、连翘丛植。

木瓜海棠:落叶灌木至小乔木,高 2~6 m;枝条直立,具短枝刺;花先叶开放,2~3 朵簇生于二年生枝上,花瓣倒卵形或近圆形,淡红色或白色;果实卵球形或近圆柱形,先端有突起长 8~12 cm,味芳香;花期 3—5 月,果期 9—

10月。

木瓜海棠(图4-57)和贴梗海棠喜温暖、怕寒冷,在栽植时应选择适宜地点。

苹果属海棠,梨果较小,近球形,果熟期9～10月,为我国著名观赏树种,华北、华东各地习见栽培。

西府海棠:小乔木,树形直立;伞形总状花序,花瓣近圆形或长椭圆形,粉红色;花丝长短不等,比花瓣稍短,花色艳丽多姿,是著名的观赏花卉,树冠疏散,树姿婆娑,花梗细长,花蕾嫣红,果实称为海棠果,酸甜可口,味形皆似山楂,可鲜食或制作蜜饯,宜植于小径两旁或孤植、丛植于草坪上。

垂丝海棠:乔木,高达5 m,树冠开展;花瓣倒卵形,粉红色;果实梨形或倒卵形,略带紫色,成熟很迟;果梗长2～5 cm。垂丝海棠可制桩景,果实红黄相间、玲珑可爱,主要用于观赏,也可食用。

苹果属海棠喜光也耐半阴;适应性强,耐寒、耐旱;对土壤要求不严,一般在排水良好之地均能栽培,但忌低洼、盐碱地;萌芽力强,可以整枝。

图4-57 连云港苍梧绿园里的木瓜海棠

（2）紫薇

紫薇（*Lagerstroemia indica*），千屈菜科紫薇属，别名痒痒花、痒痒树等。落叶灌木或小乔木；树皮平滑，灰色或灰褐色；花淡红色或紫色、白色；蒴果椭圆状球形或阔椭圆形；花期 6—9 月，果期 9—12 月。紫薇花色鲜艳美丽，花期长，寿命长，树龄有达 200 年的，亚热带地区已广泛栽培为庭园观赏树（图 4-58），有时亦作盆景。

紫薇半阴生，喜生于肥沃湿润的土壤上，也能耐旱，不论钙质土或酸性土都生长良好；怕涝，喜温暖潮润，喜光，喜肥，对 SO_2、HF 及 N_2 的抗性强，能吸收有害气体，中性土或偏酸性土较好。

图 4-58　淮安八十二烈士陵园的紫薇

（3）重阳木

重阳木（*Bischofia polycarpa*），大戟科秋枫属，落叶乔木，高达 15 m，三出复叶；顶生小叶通常较两侧的大，小叶片纸质，顶端突尖或短渐尖，基部圆或浅心形；花雌雄异株，春季与叶同时开放，组成总状花序；果实浆果状，圆球形，直径 5～7 mm，成熟时褐红色；花期 4—5 月，果期 10—11 月。树姿优美,冠如伞盖,花叶同放,花色淡绿,秋叶转红,艳丽夺目,抗风耐湿,生长快速,是良好的庭阴和行道树种,用于堤岸、溪边、湖畔和草坪周围作为点缀树种,极有观赏价值,孤植、丛植或与常绿树种配置(图4-59),秋日分外壮丽,常作行道树。

图4-59　盐城大丰绿地的重阳木

重阳木是暖温带树种,喜光,稍耐阴;喜温暖气候,耐寒性较弱;对土壤的要求不严,但在湿润、肥沃的土壤中生长最好;耐旱,也耐瘠薄,且能耐水湿;根系发达,抗风力强。易患丛枝病,重阳木常见有吉丁虫为害树干,红蜡介壳虫、皮虫及刺蛾等为害枝叶,要注意及早防治。产于秦岭、淮河流域以南至福建和广东的北部,生于海拔1 000 m以下山地林中或平原栽培,在长江中下游平原或农村"四旁"常见。

(4) 大叶榉树

大叶榉树(*Zelkova schneideriana*),榆科榉属。落叶乔木;树皮灰白色或褐灰色,呈不规则的片状剥落;当年生枝紫褐色或棕褐色;叶薄纸质至厚纸质,基部有的稍偏斜。花期4月,果期9—11月。榉树树姿端庄,秋叶变成褐红色,是观赏秋叶的优良树种,常种植于路旁、墙边,孤植、丛植或列植。榉树适应性强,抗风力强,耐烟尘,是城乡绿化和营造防风林的好树种(图 4-60)。

图 4-60　连云港苍梧绿园的榉树

榉树垂直分布多在海拔 500 m 以下的山地、平原,阳性树种,喜光,喜温暖环境;耐烟尘及有害气体;适生于深厚、肥沃、湿润的土壤,对土壤的适应性强,酸性、中性、碱性土及轻度盐碱土均可生长,深根性,侧根广展,抗风力强;忌积水,不耐干旱和贫瘠;生长慢,寿命长。

(5) 朴树

朴树(*Celtis sinensis*),榆科朴属。落叶乔木;朴树的叶多为卵形或卵状椭圆形,但不带菱形,基部几乎不偏斜或仅稍偏斜,先端尖至渐尖,但不为尾状渐尖;果也较小,一般直径 5～7 mm;花期 3—4 月,果期 9—10 月。朴树是优良行道树树种,主要用于绿化道路,栽植于公园小区,作景观树等,在园林中孤植于草坪或旷地,列植于街道两旁,尤为雄伟壮观,又因其对 SO_2、Cl_2 等多种有毒气体抗性较强,具有较强的吸滞粉尘的能力,并能吸收有害气体,用于城市及工矿区作为街坊、工厂、道路两旁、广场、校园绿化颇为合适。绿化见效快,移栽成活率高,造价低廉。朴树树冠圆满宽广,树阴浓郁,农村"四旁"常用,也是河网区防风固堤树种。

朴树分布于淮河流域、秦岭以南至华南各省区。朴树多生于平原耐阴处,散生于平原及低山区,村落附近习见;多生于路旁、山坡、林缘,海拔 100～1 500 m;喜光,适温暖湿润气候,适生于肥沃平坦之地;对土壤要求不严,有一定耐干能力,亦耐水湿及瘠薄土壤,适应力较强(图 4-61)。

图 4-61　盐城青年东路的朴树

(6) 梧桐

梧桐(*Firmiana Simplex*),梧桐科梧桐属。落叶乔木;树干挺直,树皮青绿色,平滑;叶心形,掌状 3～5 裂;圆锥花序顶生,花淡黄绿色,花期 6 月;

菁葖果膜质,有柄,成熟前开裂成叶状,栽培于庭园的观赏树木(图4-62)。

图 4-62 连云港苍梧绿园内的梧桐

梧桐产我国南北各省,从广东、海南岛到华北均产之。生于温暖湿润的环境;耐严寒,耐干旱及瘠薄;夏季树皮不耐烈日;在砂质土壤上生长较好。

(7) 乌桕

乌桕(*Sapium sebiferum*),大戟科乌桕属。落叶乔木,各部均无毛而具乳状汁液;树皮暗灰色,有纵裂纹;叶互生,纸质,叶片菱形、全缘;分果爿脱落后而中轴宿存;种子扁球形,黑色,外被白色、蜡质的假种皮;花期4—8月。乌桕树冠整齐,叶形秀丽,秋叶经霜时如火如荼,十分美观,有"乌桕赤于枫,园林二月中"之赞名,冬日白色的乌桕子挂满枝头,经久不凋,也颇美观,古人就有"偶看桕树梢头白,疑是江梅小着花"的诗句。可孤植、丛植于草坪和湖畔、池边,若与亭廊、花墙、山石等相配,也甚协调;在园林绿化中可栽作护堤树、庭阴树及行道树。可栽植于道路景观带,也可栽植于广场、公园、庭院中,或成片栽植于景区、森林公园中,能产生良好的造景效果(图4-63)。

图4-63 连云港苍梧绿园乌桕

乌桕喜光,不耐阴;喜温暖环境,不甚耐寒。适生于深厚肥沃、含水丰富的土壤,对土壤适应性较强,对酸性、钙质土、盐碱土均能适应。沿河两岸冲积土、平原水稻土,低山丘陵黏质红壤、山地红黄壤都能生长,以深厚湿润肥沃的冲积土生长最好。主根发达,抗风力强,耐水湿,寿命较长。

（8）杂交鹅掌楸

杂交鹅掌楸（*Liriodendron chinense×tulipifera*），木兰科鹅掌楸属，为鹅掌楸和北美鹅掌楸杂交品种。叶马褂状，下面苍白色；花杯状，外轮 3 片绿色，萼片状；花期 5 月，果期 9—10 月。杂交鹅掌楸树形端正，叶形奇特，是优美的庭阴树和行道树种，与悬铃木、椴树、银杏、七叶树并称世界五大行道树种（图 4-64）。花淡黄绿色，美而不艳，最宜植于园林中的安静休息区的草坪上。秋叶呈黄色，很美丽，可独栽或群植，在江南自然风景区中可与木荷、山核桃、板栗等行混交林式种植。因其花形酷似郁金香，故被称为"中国的郁金香树"，是一种非常珍贵的观赏植物，且对 SO_2 等有毒气体有抗性，可在大气污染较严重的地区栽植。

图 4-64　连云港苍梧路的杂交鹅掌楸

杂交鹅掌楸性喜光及温和湿润气候,有一定的耐寒性,可经受一15℃低温而完全不受伤害。在北京地区小气候良好的条件下可露地过冬。喜深厚肥沃、适湿而排水良好的酸性或微酸性土壤(pH 值 4.5～6.5),在干旱土地上生长不良,也忌低湿水涝。本种对空气中的 SO_2 气体有中等的抗性。

(9)海州常山

海州常山(*Clerodendrum trichotomum*),马鞭草科大青属。灌木或小乔木,伞房状聚伞花序顶生或腋生,核果成熟时外果皮蓝紫色;花果期 6—11月。海州常山花序大,花果美丽,花果期长,花开时节,红、白相间,花朵繁密似锦;亮蓝紫色的球形果,与红、白花同时宿存在枝的顶端,艳丽可爱。丛植、孤植均宜,是点缀庭院的既可观花、又可观果的优良花木,是布置园林景色的良好材料(图 4-65)。

图 4-65　徐州金龙湖宕口公园的海州常山

海州常山喜阳光,较耐寒、耐旱,也喜湿润土壤,能耐瘠薄土壤,但不耐积水。适应性强,栽培管理容易。

（10）楸树

楸树（*Catalpa bungei*），紫葳科梓属。乔木，树干通直；叶三角状卵形或卵状长圆形；花冠淡红色，内面具有 2 条黄色条纹及暗紫色斑点；花期 5—6 月，果期 6—10 月；蒴果线形。楸树树姿俊秀，高大挺拔，枝繁叶茂，花多盖冠，其花形若钟，红斑点缀白色花冠，如雪似火，每至花期，繁花满枝，随风摇曳，令人赏心悦目。楸树为高大落叶乔木，可营造用材林、楸农间作林、防护林及道路绿化（图 4-66）、庭院观赏（图 4-67）等，是综合利用价值很高的优质用材树种。

图 4-66　宿迁项王路道路旁的楸树　　图 4-67　徐州建筑职业技术学院
校园内的楸树

楸树根系发达，属深根性树种。喜光，较耐寒，喜深厚肥沃湿润的土壤，不耐干旱、积水，忌地下水位过高，稍耐盐碱。萌蘖性强，幼树生长慢，10 年以后生长加快，侧根发达。耐烟尘、抗有害气体能力强。寿命长。自花不孕，往往开花而不结实。

（11）苦楝

苦楝（*Melia azedarach*），楝科楝属。落叶乔木；树皮灰褐色，纵裂；叶为2～3回奇数羽状复叶；小叶对生，花芳香；核果球形至椭圆形，黄色；花期4—5月，果期10—12月。适宜作庭阴树和行道树，是良好的城市及矿区绿化树种（图4-68）。在草坪中孤植、丛植或配置于建筑物旁都很合适，也可种植于水边、山坡、墙角等处。

图4-68 连云港苍梧绿园内的苦楝

苦楝产于我国黄河以南各省区，较常见。苦楝喜温暖、湿润气候，喜光，不耐庇荫，较耐寒，耐干旱、瘠薄，也能生长于水边，但以在深厚、肥沃、湿润的土壤中生长较好。本种在湿润的沃土上生长迅速，对土壤要求不严，在酸性土、中性土与石灰岩地区均能生长，是平原及低海拔丘陵区的良好造林树种。

（12）臭椿

臭椿（*Ailanthus altissima*），苦木科臭椿属，落叶乔木；树皮平滑而有直纹；嫩枝有髓；叶为奇数羽状复叶；花期 4—5 月，果期 8—10 月；树干通直高大，树冠圆如半球状，颇为壮观。枝叶繁茂，春季嫩叶紫红色，秋季满树红色翅果，颇为美观，在印度、英国、法国、意大利、美国等国被称为"天堂树"，颇受赞赏，常作行道树用。本种在石灰岩地区生长良好，可作石灰岩地区的造林树种。

臭椿为阳性树种，喜光，不耐阴，喜生于向阳山坡或灌丛中。适应性强，除黏土外，各种土壤和中性、酸性及钙质土都能生长，适生长于深厚、肥沃、湿润的砂质土壤。耐寒，耐旱，不耐水湿，长期积水会烂根死亡。深根性。对烟尘与 SO_2 的抗性较强，病虫害较少。能耐盐碱，且生长迅速，对有毒气体的抗性较强，可作城市、工矿区和农村绿化树种（图 4-69、70）。

图 4-69　北固山生态公园内的臭椿

图 4-70　淮安三新工程项目苗圃地内的臭椿

5

建　议

5.1 结合植物的生长习性,从植物选择出发

(1) 改变引种方式,尽量从种子开始

植物引种最成功的办法是从种子开始。因为随着种子的萌发和幼苗的生长,整个生长生育过程均在引种地自然条件下不断地接受锻炼、考验而逐渐地适应和提高抗逆能力,最终适应引种地的自然条件,而一些不适应引种地自然条件的种类必然在引种过程中受到引种地自然条件的限制而自然淘汰。因此,改变引种方式,从种子开始是引种成功和减少冻害损失的有效途径,而直接引进符合种植规格的苗木,因为没有经过当地自然气候条件的锻炼和考验,势必出现"水土不服",造成经济损失或引种失败。

(2) 总结引种经验,寻找适合苏北地区生长的区域种源

苏北地处北亚热带向暖温带过渡区域,气候既与热带、亚热带不同,更与寒温带有巨大差异。其气候区内不仅有广袤的苏北平原,也有低山丘陵、河流山川,气候变化多样,生态类型复杂,小环境气候明显。这次冻害调查结果表明,一些亚热带常绿树种由南向北引种比较容易,但是若遭遇极端冻害,降温幅度大,持续时间久,它们还是会表现出不同程度的冻害,例如自然分布北界达到北亚热带的樟科常绿树种,如香樟与浙江樟,引种到亚热带北缘,大多数能正常生长和繁殖,但是在极端低温下受灾严重,所以温度是限制很多常绿阔叶树种向江苏高纬度地区引种栽培的重要环境因子。这就要求我们在引进种类,增加生物多样性时,重点应放在树种的适应性上,以保证引种的成功和减少冻害的损失,这也符合植物引种驯化"气候相似论"和"引种区域论"的观点。随着全球气候暖周期的到来,充分利用城市多种小气候环境,引种、驯化和应用常绿阔叶树种,以改变冬季园林景观单一萧条的现象。

(3) 选择本地乡土或栽培的建群种

在此次调查中,我们发现有些树种在被调查的苏北 5 个地区长势情况很

好,这些树种大部分为乡土树种或是归化树种。如徐州建筑职业技术学院、宿迁项王路的楸树,连云港苍梧绿园里的朴树、榉树和乌桕,盐城开发区的重阳木,徐州金龙湖公园和盐城青年东路的海州常山,徐州金龙湖宕口公园的黄连木等。乡土树种是当地土生土长,经过长期的自然选择和社会历史选择,能够完全适应当地土壤、温度、水分及光照等自然条件,经过自然演替,已融于当地自然生态系统成为固有树种。其中也包括了一些外来的经过长期生长发育和演替而适应了当地生态环境的归化树种。乡土树种不仅具有严格的地域选择性,独特的群落结构,还具有复杂的生态系统和自然景观特色,是区域植被的基本构成单元和建群种。它们对当地的极端高温、极端低温、洪涝干旱、风雨雷电以及病虫危害等自然气候和生态环境具有良好的抗逆性和抵御能力。以乡土树种为主要单元构成的植物群落除具有稳定的生态系统外,还具有抗外来干扰和自行修复的能力,从而表现出较强的生命力和繁殖后代的能力。同时,乡土树种也是城市景观构建的一个重要因素,以它们为基础的城市园林景观,不仅具有浓厚的乡土田园风光特点,还具有独特的风景景观特征,能充分显示出地方的自然景观、资源特色而彰显城市的个性与特点,同时使用乡土树种更为可靠、廉价、安全,有利于减少养护成本。

因此,乡土树种和地带性植被应该成为城市园林的主体。建群种是森林植物群落中在群落外貌、土地利用、空间占用、数量等方面占主导地位的树木种类。建群种可以是乡土树种,也可以是在引入地经过长期栽培,已适应引入地自然条件的外来树种。于是,结合此次调查,推荐适宜在苏北地区推广种植的相关树种如表4-1所示。

5.2　因地制宜,从改善栽培环境出发

(1) 改善土壤理化性质,保证根系透气面积。园林树木栽植前首先要考虑树木根系的生长条件。行道树最好采取种植带种植,这不仅有利于扩大

根系的呼吸面积,同时也有利于栽植后的水肥管理。种植穴应根据树木的种类确定,不宜过小。为保持土壤疏松透气,根际周围可铺盖一些木片、树枝、石头等物。国外通常用碎木片覆盖根区,既能防止土壤飞扬,又能保持土壤疏松,还能增加土壤肥力和有益微生物。对于已经被水泥覆盖或必须被水泥覆盖而只能留有较小土壤覆盖面积的树木,可通过在不同方向深埋塑料透气管或地面采取透气装置,如在地面上铺置特制梯形砖,砖与砖之间不勾缝,留有通气管,或在其上铺带孔或有空花条纹的水泥砖,或铺铁筛盖等,确保根系正常呼吸。

(2)提供栽植穴"健康土壤"。土壤是植物的安身立命之根本,但城市内的土壤都在不同程度上受到建筑垃圾、工业污水或生活垃圾的污染。因而,在栽植前应采取清理垃圾或换新土的方式保持栽植穴内土壤无污染,确保苗木或移栽的大树具有正常生长的土壤条件。树木生长数年后,由于根系发达,逐步向周围和深层延伸,对污染尤其是局部污染的耐性会明显增强。

(3)避免土壤污染和建筑伤害。栽植后,树木周围一定要保持"卫生"状态,即避免将一些建筑垃圾、工业污水、生活污水排放到树木的根区范围。园林部门应多做一些宣传牌,加强科普宣传,使市民明白:树木同其他生物一样,是有生命的,根系是它们的吸收器官,有毒或有害的物质被吸收后,一样会发生中毒现象:轻则影响树木的生长或使它们发生病害,失去观赏价值,重则导致树木枯萎死亡,造成经济损失和生态失衡。在建筑施工时,对工地内的树木一定要严加保护,尽量避免在树木周围堆积施工用的水泥、石灰等对树木生长有害的材料;及时排除污水,清除地面垃圾,避免对根系和树体的伤害。对已经被污染的土壤,应改善其理化性质,将已严重污染的土壤挖除,填上疏松肥沃的新土,调整其酸碱度;用清水喷洗植物叶片、枝干,促进光合作用;亦可根据情况相应施肥,促进树木恢复树势。

(4)根据引种植物的生态习性进行植物配植。苏北地区城市绿化景观植物的选择普遍在乔木和地被两个层次考虑较多,对于中间层次的植物考虑较少,很难形成复层植物景观,植物群落的景观效益和生态效益都未能有效地发挥出来,应根据常绿阔叶植物的生态习性和观赏特性进行配置。对于耐阴性强或者自然生境多生长在林下的树种,如南天竹等可以将其栽植在落叶乔木或者常绿针叶树下,使它们保持冬季常绿景观。而对于叶色不受光照强度影响、与自身抗寒性有关的树种如夹竹桃等,可以选择背风向阳的或者小气候较好的环境栽植,如庭院角隅、高大建筑前进行重点绿化。另外,在调查中发现,棕榈在挡风的环境中生长较好,而且景观效果也好。棕榈在原产地往往生长在林下和林缘,有较强的耐阴能力,幼苗则更为耐阴,苗圃中常用其幼苗间作在大苗下层,且在阳光充足处棕榈生长更好。随着城市建设的发展,封闭或者半封闭空间越来越多,这些空间风小,相对湿度大、温度高,在这样的环境下,建议栽植常绿阔叶植物。

5.3 管护得当,从养护管理出发

（1）水肥管理

为保持园林树木的健康生长,树木的养护十分重要。城市土壤质地不良、土层瘠薄、环境干燥,多数树木属于引种植物,抗逆性较差,因而浇水、施肥是必要的管理措施。只有及时浇水、适时施肥,才能使树木枝叶繁茂。对于一些寿命较短易自然衰退的树木,或病虫累累、濒于枯死的树木,可保留少数植株作为"历史见证"外,多数植株应及时更换,以保持园林树木的健康状态,展示城市生机勃勃的景象。

（2）加强管护

广玉兰、女贞等树种的小苗栽植后的前5年生长缓慢,作为行道树或带状绿化时,很容易遭受人为破坏,影响其成活率和保存率。除了科学规范栽植外,精心管护尤为重要。栽植后做好树体支撑,并辅以科学的水肥管理,使其达到城市绿化标准要求。而且常绿阔叶树种在北方地区栽种要加强防寒防冻措施,这也是影响常绿阔叶树种北移推广的一个重要因素,当然,苗圃中栽植时也可以根据这一原则,采取相应的越冬保护措施。在加强越冬防寒的同时,对于容易发生光氧化伤害的树种在冬春采取遮阴的措施。在防止低温和春季干风所造成的水分胁迫上,秋季喷施生长抑制剂或者其他防寒剂,让树木尽早停止生长,增加枝条的充实度,提高抗寒力,同时配合搭建风障等措施防止冻害。

(3) 病虫害防治

① 预防保护措施 城市人多、车多、活动多,对树木要采取一些隔离或保护措施,尽量减少外界因素对树木的直接破坏;在断枝、修剪伤口处涂上药剂或进行包扎,以防病原物入侵。行道树等较重要的园林树木,冬季进行树干涂白,预防病虫害和冻害的发生。

② 生理性病害的防治 树木黄化病等生理性病害主要是由于土壤瘠薄或质地差而导致根系发育不良,防治时应该从改土或补充所缺乏的营养元素着手。空气污染引发的病害,除控制污染源外,最根本的措施是选择抗烟害的树种。

③ 生物性病虫害的防治 对于侵染性病虫害,除采取卫生管理措施外(如及时剪除和砍伐严重受害枝、株),应根据病虫种类及时针对性施药。城市人口聚集,施药一定要注意选择高效低毒类农药。有历史价值和观赏价值的古树名木,一旦出现腐朽,应尽早实施外科手术予以修补,以延长其寿命。

(4) 针对极端天气的防范及养护措施

引种工作中要尊重科学规律和植物的生态习性,尽量从气候条件相似的地区引种,且要大力加强乡土树种的开发与选育。这样既可减少养护成本,降低经济损失,还能增加生态效益。养护管理中相关部门要做好应急防预措施和补救措施来将经济损失最小化和景观效果最大化。

城市园林植物的养护管理措施中,通过加强水肥管理等措施及苗木的越冬养护,有利于苗木安全越冬,防冻主要措施有(图5-1):

① 冬季主干涂白;

② 主干绑草绳外加塑料薄膜;

③ 伤口涂防腐杀菌剂及封蜡、涂油漆;

④ 根部培土用防寒布缠干;乔木搭设防寒棚,绿篱搭设双面防寒支架。

图 5-1 城市园林植物防冻措施

当冻害发生后,应及时做好补救措施。根据植物所受冻害级别和所处的地理位置,采取的补救措施有(图 5-2):

① 对于冻害级别达到Ⅴ级、因冻害死亡的植株进行全面清理、刨除;

② 对冻害级别达到Ⅲ级、Ⅳ级,严重失去观赏价值的树木,如主干受损、抽条受冻较严重又位于重点路段的香樟等进行更换,以保证景观效果;

③ 对冻害级别达到Ⅱ级、Ⅲ级,受冻害不太严重,但位于关键路段,短期内不能通过管理达到预期景观效果的,更换新的植株以保证景观效果;

④ 对非关键路段,冻害级别达到Ⅱ级、Ⅲ级的苗木,在保证树形的基础

上适度修剪,并作为弱势株重点加强水肥管理,严控病虫害发生,以增强树体内营养物质积累,促使其早日恢复树形、树势;

⑤ 对冻害级别达到Ⅰ级的苗木,春季修剪时,剪除受害部位,促发新枝。

图 5-2　园林植物受害后常见补救及处理方式

附录:植物名录

序号	名称	科	属	拉丁名
1	银杏	银杏科	银杏属	*Ginkgo biloba*
2	水杉	杉科	水杉属	*Metasequoia glyptostroboides*
3	池杉	杉科	落羽杉属	*Taxodium ascendens*
4	落羽杉	杉科	落羽杉属	*Taxodium distichum*
5	圆柏	柏科	圆柏属	*Sabina chinensis*
6	侧柏	柏科	侧柏属	*Platycladus orientalis*
7	罗汉松	罗汉松科	罗汉松属	*Podocarpus macrophyllus*
8	苏铁	苏铁科	苏铁属	*Cycas revoluta*
9	日本五针松	松科	松属	*Pinus parviflora*
10	黑松	松科	松属	*Pinus thunbergii*
11	雪松	松科	雪松属	*Cedrus deodara*
12	杨树	杨柳科	杨属	*Populus L.*
13	旱柳	杨柳科	柳属	*Salix matdudana*
14	垂柳	杨柳科	柳属	*Salix babylonica*
15	广玉兰	木兰科	木兰属	*Magnolia grandiflora*
16	白玉兰	木兰科	木兰属	*Magnolia denudata*
17	蜡梅	蜡梅科	蜡梅属	*Chimonanthus praecox*
18	南天竹	小檗科	南天竹属	*Nandina domestica*
19	金丝桃	藤黄科	金丝桃属	*Hypericum monogynum*
20	杂交鹅掌楸	木兰科	鹅掌楸属	*Liriodendron chinense×tulipifera*

序号	名称	科	属	拉丁名
21	榔榆	榆科	榆属	*Ulmus parvifolia*
22	榉树	榆科	榉属	*Zelkova serrata*
23	朴树	榆科	朴属	*Celtis sinensis*
24	红花檵木	金缕梅科	檵木属	*Loropetalum chinense* var. *rubrum*
25	北美枫香	金缕梅科	枫香树属	*Liquidambar styraciflua*
26	枫香	金缕梅科	枫香树属	*Liquidambar formosana*
27	重阳木	大戟科	秋枫属	*Bischofia polycarpa*
28	山麻杆	大戟科	山麻杆属	*Alchornea davidii*
29	乌桕	大戟科	乌桕属	*Sapium sebiferum*
30	香樟	樟科	樟属	*Cinnamomum camphora*
31	北美红枫	槭树科	槭属	*Acer rubrum*
32	红枫	槭树科	槭属	*Acer: palmatum* f. *atropurpureum*
33	鸡爪槭	槭树科	槭属	*Acer palmatum*
34	三角枫	槭树科	槭属	*Acer buergerianum*
35	日本晚樱	蔷薇科	樱属	*Cerasus serrulata* var. *lannesiana*
36	紫叶李	蔷薇科	李属	*Prunus cerasifera* f. *atropurpurea*
37	西府海棠	蔷薇科	苹果属	*Malus micromalus*
38	垂丝海棠	蔷薇科	苹果属	*Malus halliana*
39	枇杷	蔷薇科	枇杷属	*Eriobotrya japonica*
40	火棘	蔷薇科	火棘属	*Pyracantha fortuneana*
41	桃	蔷薇科	桃属	*Amygdalus persica*
42	梅	蔷薇科	杏属	*Armeniaca mume*
43	臭椿	苦木科	臭椿属	*Ailanthus altissima*
44	黄山栾树	无患子科	栾树属	*Koelreuteria bipinnata* cv. *integrifoliola*
45	无患子	无患子科	无患子属	*Sapindus saponaria*
46	夹竹桃	夹竹桃科	夹竹桃属	*Nerium indicum*
47	海州常山	马鞭草科	大青属	*Clerodendrum trichotomum*

序号	名称	科	属	拉丁名
48	国槐	豆科	槐属	*Sophora japonica*
49	刺槐	豆科	刺槐属	*Robinia pseudoacacia*
50	龙爪槐	豆科	槐属	*Sophora japonica* f. *pendula*
51	合欢	豆科	合欢属	*Albizia julibrissin*
52	海桐	海桐科	海桐花属	*Pittosporum tobira*
53	法国冬青	忍冬科	荚蒾属	*Viburnum odoratissimum*
54	洒金桃叶珊瑚	山茱萸科	桃叶珊瑚属	*Aucuba japonica* var. *variegata*
55	八角金盘	五加科	八角金盘属	*Fatsia japonica*
56	杜鹃花	杜鹃花科	杜鹃花属	*Rhododendron simsii*
57	白桦	桦木科	桦木属	*Betula platyphylla*
58	桂花	木犀科	木犀属	*Osmanthus fragrans*
59	女贞	木犀科	女贞属	*Ligustrum lucidum*
60	金钟花	木犀科	连翘属	*Forsythia viridissima*
61	云南黄馨	木犀科	素馨属	*Jasminum mesnyi*
62	白蜡树	木犀科	梣属	*Fraxinus chinensis*
63	流苏树	木犀科	流苏树属	*Chionanthus retusus*
64	紫薇	千屈菜科	紫薇属	*Lagerstroemia indica*
65	楸树	紫葳科	梓属	*Catalpa bungei*
66	二球悬铃木	悬铃木科	悬铃木属	*Platanus × acerifolia*
67	无花果	桑科	榕属	*Ficus carica*
68	构树	桑科	构属	*Broussonetia papyrifera*
69	苦楝	楝科	楝属	*Melia azedarach*
70	青桐	梧桐科	梧桐属	*Firmiana simplex*
71	火炬树	漆树科	盐肤木属	*Rhus Typhina*
72	棕榈	棕榈科	棕榈属	*Trachycarpus fortunei*
73	石榴	石榴科	石榴属	*Punica granatum*
74	黄杨	黄杨科	黄杨属	*Buxus sinica*

序号	名称	科	属	拉丁名
75	大叶金边黄杨	卫矛科	卫矛属	*Euonymus japonicus var. aurea-marginatus* 'Ovatus Aureus'
76	孝顺竹	禾本科	簕竹属	*Bambusa multiplex*
77	红叶石楠	蔷薇科	石楠属	*Photinia×fraseri*
78	枫杨	胡桃科	枫杨属	*Pterocarya stenoptera*
79	柿树	柿树科	柿树属	*Diospyros kaki*
80	黄连木	漆树科	黄连木属	*Pistacia chinensis*
81	枣	鼠李科	枣属	*Ziziphus jujuba*
82	杜英	杜英科	杜英属	*Elaeocarpus decipiens*
83	茶梅	山茶科	山茶属	*Camellia sasanqua*
84	山茶	山茶科	山茶属	*Camellia japonica*

参考文献

[1] 江苏省植物研究所. 江苏植物志[M]. 南京:江苏科学技术出版社,1982.

[2] 陈有民. 园林树木学[M]. 北京:中国林业出版社,1990.

[3] 黄金凤. 园林植物识别与应用[M]. 南京:东南大学出版社,2015.

[4] 夏宝池. 中国园林植物保护[M]. 南京:江苏科学技术出版社,1992.

[5] 宗树斌,王永平. 常见园林观赏植物资源图库[M]. 镇江:江苏大学出版社,2016.

图书在版编目(CIP)数据

苏北五市园林树木衰弱情况调查与研究 / 王良桂等
著. — 南京：东南大学出版社，2021.5
　　ISBN 978-7-5641-8027-0

　　Ⅰ.①苏…　Ⅱ.①王…　Ⅲ.①园林树木－植物生长－
调查研究－苏北地区　Ⅳ.①S688

中国版本图书馆 CIP 数据核字(2018)第 233237 号

苏北五市园林树木衰弱情况调查与研究
SUBEI WUSHI YUANLIN SHUMU SHUAIRUO QINGKUANG DIAOCHA YU YANJIU

著　　者：王良桂　杨秀莲　丁彦芬 等
出版发行：东南大学出版社
社　　址：南京市四牌楼 2 号　　邮编：210096
出 版 人：江建中
责任编辑：姜　来　朱震霞
网　　址：http://www.seupress.com
电子邮箱：press@seupress.com
经　　销：全国各地新华书店
印　　刷：江苏凤凰数码印务有限公司
开　　本：700 mm×1 000 mm　1/16
印　　张：7.5
字　　数：108 千字
版　　次：2021 年 5 月第 1 版
印　　次：2021 年 5 月第 1 次印刷
书　　号：ISBN 978-7-5641-8027-0
定　　价：49.00 元

本社图书若有印装质量问题，请直接与营销部联系。电话:025-83791830